Identifying Common Proper Motion Binary Star Systems

by

Martin P Nicholson

Copyright © 2014 by Martin Nicholson

All rights reserved. No part of this publication may be reproduced, distributed, or transmitted in any form or by any means, including photocopying, recording, or other electronic or mechanical methods, without the prior written permission of the author, except in the case of brief quotations embodied in critical reviews and certain other noncommercial uses permitted by copyright law. For permission requests email the author at the address below.

Martin Nicholson
Church Stretton
Shropshire SY6 7DQ
United Kingdom

Email – newbinaries@yahoo.co.uk

A message from the author.

My New Year resolution for 2014 – "The results of all astronomical projects I have done in the past, or that I will do in the future, must be published and made available to the wider astronomical community."

Looking back, every year, almost without fail, I have found myself standing in silence in memory of another hobby personality who had died. It didn't matter if the deceased was an astronomer, a "grave hunter" or a postal historian - so often the legacy they left was greatly reduced because so much of their knowledge and experience died with them.

Only a small proportion of the astronomical data mining and astronomical imaging projects I carried out over the last 20 years went through the lengthy – and sometimes controversial – process of third-party publication. Further details of these papers can be found on this web page:
http://www.martin-nicholson.info/1/success.htm

Some of the rest of my work has appeared on assorted web sites or within specialist society "news groups" but much of it remains unpublished. The long-established scientific principle "first to publish gets the credit" means that without publication taking place it is almost as if the work had never been done! Confusingly, there seems to be no consensus about what constitutes "publishing" but my 2009 thoughts on the subject still represent my position.
http://www.philica.com/display_article.php?article_id=164

"The vsnet-alert list exists to "To distribute alert notices of important phenomena". It is an un-moderated group but self-regulation works well and the vast majority of postings appear without generating any adverse comment. Sadly there are a few users of the facility who routinely post off-topic material. These postings vary in nature from the harmless posting of scientifically valid astronomical material that would perhaps have been better posted elsewhere right through to lengthy personal attacks with not a vestige of scientific reasoning to be seen.

In July 2009 vsnet-alert 11306 was posted by "John". Although hopelessly off-topic it did raise some interesting issues regarding what constitutes publication.

It is not in dispute that the article to which "John" referred - "Identifying Previously Uncatalogued Red Variable Stars in the Northern Sky Variability Survey" - **is available to the public and that the relevant community has been made aware of its existence.**

The American Association of Variable Star Observers (AAVSO) website also clearly states that, "The eJAAVSO consists of papers that have been refereed, edited, and accepted for publication in the paper edition of the JAAVSO." **This means that long term access is in place, particularly so once paper-based publication has taken place.**

"John" makes some, doubtless "tongue in cheek", quotes from the article ""I've submitted all this that and the other to AAVSO VSX and this is a note saying so, and here are some light curves of about half a dozen of the bestest (sic) ones so all the unillustrated 1200+ L: must be as good too honest, therefore I've now published these stars and they are mine despite my not having actually published a table or light curves (just a link to a spreadsheet somewhere) nor done any further checks of the literature for them since January 2007".

I imagine the point that "John" is trying to make here is that when 1,233 new discoveries need to be reported what constitutes publication? It is unlikely that any publication would be prepared to publish 1,233 individual light curves. Broadly similar papers published by the Open European Journal on Variable Stars, such as OEJV #105, show the issues associated with showing more than perhaps six or at a maximum eight light curves per page. Publishing 1,233 light curves would require over 150 pages! The adopted solution - publishing a selection with links to the remainder - was the preferred solution of the author, the professional referee and the journal editor.

The final sentence of vsnet-alert 11306 reads, "But the above lot will now be claimed to be published in a peer reviewed journal, you watch and see." "John" is quite correct in this view - the results were published using any standard definition of the word - and the peer reviewed status of eJAAVSO is well established."

"Research Topics for Amateur Astronomers" will be a multi-volume series containing two types of material. *Research Notes* are intended to share discoveries, ideas or techniques of interest to astronomers. *Articles* equate to a traditional peer reviewed article.

Martin Nicholson – Shropshire, UK.
December 2013

Identifying Common Proper Motion Binary Star Systems from the UKIDSS Large Area Survey

Part 1 – Separations of less than 30 arc seconds

Martin P. Nicholson

Ticklerton Barn, Ticklerton, Church Stretton,
Shropshire, England, SY6 7DQ

e-mail: newbinaries@yahoo.co.uk

Abstract: Data mining using the recently published 1500 deg^2 near infrared proper motion catalogue from the UKIDSS Large Area Survey has yielded 1220 common proper motion binary star systems of which 1129 appear to be new discoveries.

Introduction: The first mention of this new proper motion catalogue seen by the author was found on the website of the magazine "Monthly Notes of the Royal Astronomical Society".

http://mnras.oxfordjournals.org/content/437/4/3603.abstract

Unfortunately, although the abstract was available free of charge, the full article was only available to subscribers. A small amount of detective work allowed me to find a copy of the full article for free download from the Arxiv site and, more importantly, I was also able to gain access to the data files from the web page of Leigh Smith from the University of Hertfordshire - the first author cited on the paper

http://arxiv.org/abs/1311.1227

http://star.herts.ac.uk/~lsmith/downloads.html

The near infrared proper motion catalogue used in this paper was constructed based on the 2-epoch J band observations taken as part of the UKIDSS Large Area Survey. Over 120,000 sources were listed: all with motion detected at the 5 standard deviation level.

Results:

Only stars with a morphological classification of -1 (star) in both J-band epochs and with J-band magnitudes < 18.5 were studied in detail. The second filter was applied because the article by Smith *et al* (2013) showed that stars fainter than this were prone to having false proper motion values.

Pairs of stars lying within 30 arc seconds of each other were regarded as common proper motion pairs (CPM) if the differences in the proper motion of the two stars - in both right ascension and in declination – were less than the total uncertainty in the values.

A total of 1220 pairs were identified. By cross referencing these with the on-line version of the Washington Visual Double Star Catalog (Mason *et al* 2001-13) it was found that (as of Dec 30th 2013) 1129 of the 1220 appeared to be new discoveries.

http://vizier.u-strasbg.fr/viz-bin/VizieR?-source=B%2Fwds

Each component of a common proper-motion pair can be considered to be at the same distance from the observer, of the same age and subject to the same degree of reddening (Greaves, 2004). These pairs are an interesting area to research because they do not fall into either of the extensively studied groups of orbiting binary stars or open clusters. Purpose built software (Nicholson, 2005), subsequently modified by the late Mrs Hannah Varley, was used to identify pairs of stars within the pre-set distance limit and to calculate their separation and the position angle between them.

		RA	Dec	Proper Motion mas/yr		Uncertainty mas/yr		J band mag		Separation	Position Angle
		deg	deg	RA	DEC	RA	DEC	P	S	Arc sec	Degrees
1	P	6.7596	0.5168	-42.38	-81.44	7.78	6.56	12.78	14.489	2.256	328.441
1	S	6.7593	0.5173	-41.47	-86.59	7.79	6.57				
2	P	111.8276	24.8763	-14.93	-56.19	5.78	7.95	13.432	16.863	3.336	70.716
2	S	111.8285	24.8767	-25.92	-54.33	6.66	8.62				
3	P	112.7302	25.3041	-27.33	-43.54	5.32	6.34	15.3	16.207	19.964	306.198
3	S	112.7252	25.3073	-29.94	-41.15	3.66	6.74				
4	P	113.6355	25.1744	2.7	-62.04	7.69	6.36	14.969	15.931	2.228	131.253
4	S	113.6361	25.1740	-2.94	-63.39	7.89	6.58				
5	P	114.1838	26.0010	45.52	-61.36	8.83	9.22	14.938	16.202	2.359	160.610
5	S	114.1841	26.0004	32.34	-56.3	8.98	9.35				
6	P	114.4711	27.8521	-9.41	-41.82	5.43	6.18	13.762	14.3	2.430	104.502
6	S	114.4719	27.8520	-11.59	-44.27	5.43	6.20				
7	P	115.8422	26.7781	-53.71	6.63	7.34	5.94	13.645	15.588	3.920	348.794
7	S	115.8420	26.7792	-53.05	1.54	7.39	6.01				
8	P	115.8920	25.1003	-8.8	-55.47	5.45	6.56	14.319	16.915	12.641	109.101
8	S	115.8956	25.0992	0.96	-57.13	6.54	7.37				
9	P	116.2143	20.9701	-28.82	-35.1	6.55	5.79	13.553	14.782	22.829	345.634
9	S	116.2126	20.9762	-29.67	-35.95	6.00	5.30				
10	P	116.3897	22.4602	-44.62	-2.65	5.38	6.16	14.501	16.229	5.091	191.039
10	S	116.3894	22.4588	-44.56	1.37	5.66	6.48				
11	P	116.9365	25.0202	13.48	-64.35	6.71	8.00	13.776	14.161	6.781	77.958
11	S	116.9385	25.0206	15.25	-66.47	6.64	7.93				
12	P	117.1795	23.5011	-26.18	-38.84	5.25	7.71	14.492	15.308	4.851	135.609
12	S	117.1806	23.5002	-26.54	-42.41	5.29	5.86				
13	P	117.3825	22.3368	-50.68	-49.08	3.46	5.48	13.715	14.859	7.202	32.404
13	S	117.3836	22.3385	-49.16	-46.35	3.49	5.50				
14	P	117.4812	20.8730	-29.92	-69.81	10.38	10.48	13.925	17.744	9.755	110.410
14	S	117.4839	20.8720	-46.58	-81.04	12.81	10.67				

15	P	117.9863	22.9435	50.01	-25.56	7.24	7.58	15.288	16.756	4.826	342.860
15	S	117.9858	22.9448	52.53	-21.07	7.34	8.05				
16	P	118.1670	25.5972	-64.66	4.82	3.75	6.38	14.206	17.473	3.877	270.426
16	S	118.1658	25.5972	-60.99	4.11	6.86	7.80				
17	P	118.6393	24.9107	-16.85	-29.17	4.20	4.74	13.419	16.685	3.337	148.825
17	S	118.6399	24.9099	-21.34	-32	4.86	5.29				
18	P	118.9361	21.9719	50.3	-73.16	7.13	7.50	13.675	15.527	4.971	231.480
18	S	118.9350	21.9711	49.18	-68.86	7.19	7.56				
19	P	119.1908	21.5771	-14.5	-55.48	5.71	4.56	13.033	14.911	2.928	306.171
19	S	119.1901	21.5776	-9.71	-58.5	5.76	4.61				
20	P	119.3364	27.6747	-62.37	-7.22	6.47	5.10	13.39	15.684	2.284	345.369
20	S	119.3362	27.6753	-64.22	-4.63	6.58	5.24				
21	P	119.4210	23.8665	-41.92	-54.23	8.61	7.24	14.193	16.019	2.987	267.029
21	S	119.4201	23.8665	-42.79	-54.29	8.82	7.50				
22	P	119.5462	18.6030	-52.44	-53.79	7.18	7.13	15.327	16.024	28.142	298.900
22	S	119.5390	18.6068	-54.6	-61.43	5.55	7.11				
23	P	119.7216	21.1494	-28.22	-19.15	5.05	4.29	15.37	15.806	25.019	315.056
23	S	119.7163	21.1543	-37.23	-19.95	5.31	4.45				
24	P	119.7395	27.4429	35.31	-29.83	7.79	4.31	15.058	16.089	28.199	130.345
24	S	119.7462	27.4378	33.82	-32.46	7.21	4.48				
25	P	120.2155	24.4832	-18.34	-78.54	8.35	6.68	16.384	16.609	2.610	356.834
25	S	120.2154	24.4839	-14.3	-69.54	8.42	6.90				
26	P	120.4497	20.3775	37.56	-49.98	7.84	7.54	13.215	15.304	3.201	140.599
26	S	120.4503	20.3769	37.85	-47.21	7.90	7.61				
27	P	120.5815	19.2873	22.45	-39.64	4.34	7.10	14.738	14.833	5.354	358.836
27	S	120.5815	19.2888	31.36	-41.54	4.68	7.15				
28	P	120.6123	22.0861	-41	-151.59	5.40	6.42	13.136	13.244	7.703	35.868
28	S	120.6136	22.0878	-41.43	-149.76	5.40	6.42				
29	P	121.7017	22.2623	-2.46	-161.91	7.84	10.96	16.762	16.773	7.784	319.900
29	S	121.7002	22.2640	-11.98	-171.15	7.74	10.53				
30	P	121.9345	19.6461	-31.88	34.96	5.02	7.24	12.967	12.971	2.064	347.576
30	S	121.9343	19.6467	-37	37.47	5.02	7.24				
31	P	122.2738	21.4210	-54.87	-77.45	5.13	8.06	15.178	16.659	9.009	85.531
31	S	122.2765	21.4212	-55.77	-73.85	5.58	7.91				
32	P	122.8663	20.6565	32.42	-460.82	7.60	7.92	12.448	15.519	2.518	334.997
32	S	122.8660	20.6571	40.33	-459.6	7.71	8.00				
33	P	122.9832	26.9075	-21.49	-78.75	7.95	7.60	15.17	16.168	2.078	155.444
33	S	122.9834	26.9070	-22.23	-76.92	8.12	7.77				
34	P	123.1253	20.7232	-65.55	-63.35	7.43	7.38	14.9	15.172	9.106	30.117
34	S	123.1266	20.7254	-62.16	-61.72	7.45	7.40				
35	P	123.5739	25.2137	61.16	-61.84	2.95	5.97	13.55	14.573	14.777	83.510
35	S	123.5784	25.2142	63.86	-55.47	3.60	8.21				
36	P	123.9466	21.5683	-56.75	-85.61	6.93	6.05	14.149	15.305	2.234	296.923
36	S	123.9460	21.5686	-53.39	-83.87	7.01	6.11				
37	P	124.1814	8.6561	20.04	-56.96	4.29	5.75	13.603	17.049	3.230	110.146
37	S	124.1822	8.6558	22.57	-57.8	4.92	6.26				
38	P	124.5224	7.2524	5.49	-55.15	4.59	5.75	13.843	15.431	4.365	356.294
38	S	124.5223	7.2536	4.34	-54.39	4.64	5.79				
39	P	124.6728	4.7723	-25.71	38.3	3.83	4.20	13.658	14.091	2.186	124.854
39	S	124.6733	4.7720	-24.67	36.37	3.47	3.03				
40	P	125.0426	6.6116	9.63	-50.89	4.58	4.72	14.066	14.815	11.791	44.279
40	S	125.0449	6.6139	8.94	-48.25	4.98	4.52				
41	P	125.1098	7.5532	25.11	-26.65	4.41	5.48	13.462	15.54	4.751	344.713
41	S	125.1095	7.5544	25.45	-26.39	4.42	5.84				
42	P	125.1473	0.5521	0.24	-30.97	3.85	3.65	12.821	14.998	13.054	179.858
42	S	125.1473	0.5485	1.03	-32.33	3.95	3.94				
43	P	125.1719	0.5235	-0.56	-36.52	3.42	4.44	15.082	17.057	5.640	9.739

43	S	125.1721	0.5250	-2.34	-36.42	3.51	4.47			
44	P	125.2005	6.0620	-28.44	-4.37	3.55	3.01	12.829	15.481	5.993	171.377
44	S	125.2007	6.0604	-26.68	-4.81	3.62	3.09			
45	P	125.3269	23.8171	-19.95	-67.21	9.22	9.39	12.937	17.294	6.127	303.405
45	S	125.3253	23.8181	-3.67	-78.46	11.32	9.16			
46	P	125.4075	-0.3954	19.69	-29.29	3.45	4.26	12.895	17.261	11.528	150.458
46	S	125.4091	-0.3982	16.37	-29.8	4.05	4.82			
47	P	125.4106	2.0802	-1.16	-26	2.45	3.81	15.516	16.023	2.146	348.886
47	S	125.4105	2.0808	-2.69	-24.24	2.51	3.85			
48	P	125.4190	0.6182	-19.62	-23.79	3.28	3.98	13.406	14.678	17.388	247.054
48	S	125.4145	0.6163	-20.13	-23.81	3.26	3.96			
49	P	125.5080	2.5018	-19.08	-13.57	2.88	3.30	13.751	15.256	27.084	343.141
49	S	125.5058	2.5090	-23	-13.51	2.40	4.27			
50	P	125.6758	23.7161	-39.9	-40.46	6.18	5.13	13.176	14.974	27.728	67.801
50	S	125.6836	23.7190	-36.36	-40.91	5.39	6.02			
51	P	125.6803	5.3262	-1.08	-43.28	6.03	2.47	15.114	16.585	15.225	200.781
51	S	125.6788	5.3222	-0.92	-42.68	7.33	2.93			
52	P	125.7088	7.5479	31.69	-56.66	4.39	3.28	13.666	15.361	10.658	91.800
52	S	125.7117	7.5478	32.2	-50.53	4.34	3.97			
53	P	125.7305	0.5521	-27.69	9.35	3.59	2.70	14.248	17.121	3.393	327.171
53	S	125.7300	0.5529	-28.57	12.79	4.69	3.43			
54	P	125.8376	7.1750	-1.46	-41.21	5.87	5.41	15.689	17.05	3.061	322.984
54	S	125.8371	7.1757	-2.5	-42.7	6.14	5.70			
55	P	125.8474	5.2146	23.6	-32.74	3.27	4.19	13.113	15.22	6.426	128.536
55	S	125.8488	5.2135	23.46	-33.97	3.47	4.11			
56	P	125.8730	2.1399	24.64	-27.78	4.09	3.98	15.972	16.928	11.659	300.056
56	S	125.8702	2.1415	26.71	-22.91	4.38	4.30			
57	P	125.8904	24.1403	-18.8	-12.86	2.67	3.17	14.485	14.549	26.684	233.625
57	S	125.8839	24.1359	-17.61	-16.34	2.92	3.06			
58	P	126.0050	0.0229	-36.33	-14.85	4.65	3.10	14.073	14.726	13.314	190.879
58	S	126.0043	0.0192	-34.64	-13.55	4.24	2.79			
59	P	126.0771	6.2341	-23.19	-5.37	2.54	2.24	15.33	15.565	12.080	7.747
59	S	126.0775	6.2374	-25.99	-5.32	2.83	2.59			
60	P	126.3206	-1.9675	-4.07	-28.93	3.19	4.51	15.579	17.118	21.259	151.935
60	S	126.3234	-1.9727	-6.32	-29.86	2.04	4.49			
61	P	126.6429	0.6016	-23.67	-3.98	3.56	2.68	15.524	17.25	22.934	353.782
61	S	126.6422	0.6079	-27.92	-7.51	3.99	3.73			
62	P	126.6629	-0.5394	-12.68	29.61	4.05	4.69	12.696	14.904	5.164	1.558
62	S	126.6630	-0.5380	-13.09	31.05	4.08	4.82			
63	P	126.7427	0.7852	-33.43	11.62	4.36	4.45	14.95	15.536	13.168	178.825
63	S	126.7428	0.7815	-33.26	13.75	4.44	4.43			
64	P	126.8378	6.8375	-18.54	-50.45	5.24	3.32	16.306	16.398	4.365	7.529
64	S	126.8380	6.8387	-16.36	-47.82	5.24	3.34			
65	P	126.8657	23.2694	-31.72	-63.45	7.22	8.04	14.428	15.132	3.766	7.619
65	S	126.8658	23.2704	-28.97	-69.17	7.27	8.08			
66	P	126.9403	1.4152	5.44	-31.97	4.34	3.59	14.797	15.312	2.140	291.306
66	S	126.9398	1.4154	1.27	-31.4	4.50	3.55			
67	P	126.9500	1.8824	-19.9	-36.62	4.97	4.83	13.708	16.41	8.244	277.427
67	S	126.9477	1.8827	-15.72	-39.88	5.17	5.05			
68	P	126.9537	5.1473	-11.21	22.64	3.08	3.46	14.137	14.318	2.548	73.415
68	S	126.9544	5.1475	-9.01	25.81	3.17	3.05			
69	P	126.9884	-1.7529	4.75	-35.32	5.80	3.38	14.01	14.13	2.759	283.662
69	S	126.9877	-1.7527	4.72	-34.31	5.80	3.38			
70	P	127.0938	0.4358	2.19	-111.6	4.21	5.39	14.314	14.706	27.700	265.221
70	S	127.0861	0.4352	2.13	-113.11	3.77	5.23			
71	P	127.1255	1.2269	30.47	-43.48	6.59	4.30	14.224	15.15	5.471	306.876
71	S	127.1243	1.2278	28.42	-43.5	6.46	4.27			

72	P	127.1452	-1.9839	24.83	-9.99	3.66	3.40	15.608	17.372	3.301	138.907
72	S	127.1458	-1.9846	27.1	-11.93	4.08	3.83				
73	P	127.2049	8.8983	-10.59	-33.23	3.37	4.95	13.583	16.159	8.008	124.346
73	S	127.2067	8.8970	-10.26	-33.22	3.50	5.05				
74	P	127.2160	6.6974	-13.14	-84.78	4.20	4.18	14.162	16.022	7.478	9.106
74	S	127.2164	6.6994	-15.41	-84.71	4.31	5.69				
75	P	127.2373	1.1813	-38.28	17.42	4.82	4.72	14.663	15.718	8.808	298.728
75	S	127.2352	1.1825	-36.93	16.6	5.21	5.20				
76	P	127.2380	-0.5977	4.05	-36.68	5.35	4.76	14.601	15.955	2.649	283.999
76	S	127.2373	-0.5975	-2.06	-37.97	5.43	4.85				
77	P	127.2599	8.0404	22.75	-18.01	3.41	3.99	14.196	15.25	10.012	7.056
77	S	127.2602	8.0432	22.7	-17.78	3.23	3.81				
78	P	127.2743	1.2832	-27.96	-17.68	3.32	3.60	13.032	16.626	4.999	166.637
78	S	127.2747	1.2819	-26.5	-18.65	3.80	4.05				
79	P	127.2885	8.5115	-17.04	-33.87	5.49	3.78	14.213	16.371	29.665	101.288
79	S	127.2967	8.5099	-26.67	-30.66	4.47	3.76				
80	P	127.2990	8.3863	9.33	-59.92	3.71	5.59	13.484	15.823	3.276	180.000
80	S	127.2990	8.3854	7.6	-61.02	3.76	5.62				
81	P	127.6749	-2.2566	-27.87	15.49	3.42	3.81	15.213	17.186	7.196	231.475
81	S	127.6734	-2.2578	-25.59	14.57	3.71	4.26				
82	P	127.8145	-0.1715	10.75	-43.03	5.44	2.64	13.178	14.968	2.228	313.625
82	S	127.8140	-0.1711	11.78	-41.02	5.39	2.61				
83	P	127.8471	6.5864	19.17	-43.81	5.35	4.91	13.86	15.001	4.216	332.738
83	S	127.8466	6.5874	20.83	-46.2	5.37	4.93				
84	P	127.8745	2.9541	-24.75	38.46	5.09	5.45	15.156	16.781	4.064	336.210
84	S	127.8741	2.9551	-24.27	32.84	5.35	5.69				
85	P	127.9371	4.9053	-4.27	-26.32	3.54	3.79	15.675	17.369	27.694	233.666
85	S	127.9309	4.9007	2.86	-30.39	4.08	3.10				
86	P	127.9628	0.8967	-31.88	5.12	2.61	4.83	13.817	14.145	6.624	216.399
86	S	127.9617	0.8952	-31.74	4.81	2.61	4.83				
87	P	128.0000	25.2027	40.62	-25.63	6.68	4.71	15.687	16.052	3.373	332.758
87	S	127.9995	25.2036	43.58	-30.36	6.86	4.85				
88	P	128.0013	6.1940	-34.7	28.1	4.83	4.69	12.912	13.693	23.156	135.325
88	S	128.0059	6.1894	-41.73	22.45	4.84	4.69				
89	P	128.0255	4.6932	-5.44	40.03	3.94	3.68	14.227	14.854	2.871	29.502
89	S	128.0259	4.6939	-3.4	39.9	3.78	3.75				
90	P	128.0511	3.2537	4.2	-26.12	3.49	3.75	13.216	13.296	14.724	275.444
90	S	128.0470	3.2541	3.27	-27.67	3.49	3.75				
91	P	128.0551	26.6265	-43.57	-64.87	9.46	9.57	15.346	15.399	2.204	224.978
91	S	128.0546	26.6261	-43.57	-68.08	9.46	9.59				
92	P	128.0685	8.9851	6.63	-137.2	5.08	6.47	15.379	17.507	6.081	262.140
92	S	128.0668	8.9849	3.54	-140.9	5.79	7.02				
93	P	128.0693	6.2565	7.38	-41.25	4.93	3.58	14.262	15.74	2.595	55.822
93	S	128.0699	6.2569	6.47	-41.49	4.96	3.62				
94	P	128.0706	1.7339	19.31	-73.87	6.19	6.12	13.882	16.53	2.518	337.660
94	S	128.0704	1.7345	13.29	-71.95	6.24	6.31				
95	P	128.1110	2.5490	33.37	-10.52	3.81	3.40	13.504	14.017	4.000	89.175
95	S	128.1122	2.5490	34.44	-9.61	3.82	3.41				
96	P	128.1465	8.6053	6.02	-28.86	2.72	4.03	14.675	17.489	5.006	198.835
96	S	128.1460	8.6040	5.35	-30.12	3.63	4.70				
97	P	128.1511	25.6719	-6.15	-91.06	7.75	7.85	15.664	16.374	24.380	154.667
97	S	128.1543	25.6658	-0.64	-92.5	7.43	7.70				
98	P	128.2473	1.9392	-31.2	-25.29	4.58	3.74	13.133	14.603	6.252	110.281
98	S	128.2490	1.9386	-30.47	-24.58	4.38	3.95				
99	P	128.2776	3.1339	-52.1	14.51	4.57	4.96	13.709	14.04	2.002	90.824
99	S	128.2782	3.1339	-48.9	13.61	4.57	4.96				
100	P	128.2935	5.8733	-23.15	-23.36	3.81	4.30	13.511	16.56	17.256	185.144

100	S	128.2930	5.8685	-28.43	-24.45	3.85	4.35			
101	P	128.3485	-1.7454	48.16	-148.15	3.26	3.04	13.284	15.043	3.986	220.740
101	S	128.3477	-1.7463	50.23	-147.67	3.23	2.91			
102	P	128.4810	4.7509	13.46	-59.28	3.48	3.13	15.9	16.046	4.299	346.683
102	S	128.4807	4.7520	13.34	-56.46	3.63	3.50			
103	P	128.5104	8.4900	7.61	-29.17	4.02	2.40	14.132	17.414	6.829	54.482
103	S	128.5119	8.4912	6.71	-33.9	4.77	3.58			
104	P	128.5122	9.5158	-44.63	18.56	5.10	4.15	15.303	16.052	3.048	251.475
104	S	128.5114	9.5155	-45.77	16.84	5.15	4.21			
105	P	128.5801	3.7074	-8.28	-30.58	3.57	3.83	13.321	14.814	3.568	90.983
105	S	128.5811	3.7074	-5.69	-30.13	3.69	3.67			
106	P	128.6118	0.6263	-18.89	-30.34	5.51	2.72	12.592	13.683	5.537	251.187
106	S	128.6103	0.6258	-17.41	-29.41	5.45	1.92			
107	P	128.7643	0.5454	-53.87	-9.33	3.77	5.32	14.306	15.421	2.160	211.225
107	S	128.7640	0.5449	-55.57	-9.35	3.80	5.33			
108	P	128.7921	5.5988	-26.43	-45.98	3.91	3.08	13.367	13.56	7.229	335.897
108	S	128.7913	5.6006	-26.42	-47.05	3.91	3.08			
109	P	128.8101	-1.1899	23.65	-60.75	5.01	4.12	13.258	16.128	5.746	185.752
109	S	128.8099	-1.1915	21.55	-62.27	4.98	4.13			
110	P	128.8267	-1.9798	-32.77	9.61	3.51	3.58	12.817	12.991	2.521	334.473
110	S	128.8264	-1.9791	-31.51	9.43	3.51	3.58			
111	P	128.8957	1.4543	2.68	-42.21	4.98	3.67	13.294	16.231	3.394	118.094
111	S	128.8965	1.4538	1.3	-41.45	5.11	3.84			
112	P	128.9066	24.4348	2.89	-56.19	6.76	6.20	14.467	17.291	13.748	322.285
112	S	128.9040	24.4378	13	-56.9	4.70	7.21			
113	P	128.9098	2.5220	17.68	-31.6	3.36	3.36	13.97	16.778	2.889	88.572
113	S	128.9106	2.5220	17.55	-32.28	3.43	3.52			
114	P	128.9518	6.9145	19.62	-39.38	4.00	3.94	14.316	16.349	17.804	239.488
114	S	128.9475	6.9120	14.24	-40.48	4.16	4.09			
115	P	128.9578	4.4800	-28.77	1.93	4.78	2.60	14.733	14.735	16.391	345.959
115	S	128.9567	4.4844	-37.47	3.07	4.72	2.60			
116	P	129.0930	-2.0758	-28.32	8.23	3.69	2.15	13.26	14.336	4.717	25.573
116	S	129.0935	-2.0747	-28.29	7.61	3.50	2.82			
117	P	129.1621	5.2807	-18.81	-24.44	4.01	4.54	13.194	15.208	26.093	201.384
117	S	129.1594	5.2739	-17.06	-25.44	4.26	4.37			
118	P	129.2370	-0.3259	-31.04	-19.98	3.08	2.99	13.166	15.744	25.901	125.451
118	S	129.2429	-0.3301	-30.07	-16.8	3.22	4.09			
119	P	129.2610	25.5299	-35.02	-76.06	10.26	10.60	14.445	16.941	19.255	161.905
119	S	129.2628	25.5248	-27.2	-75.02	11.06	11.03			
120	P	129.2847	-2.3511	-0.57	-27.9	4.00	3.66	15.813	16.722	5.863	76.507
120	S	129.2863	-2.3508	6.51	-29.37	4.17	3.84			
121	P	129.3083	6.1455	-45.4	-54.65	5.33	5.51	16.258	17.539	5.125	324.427
121	S	129.3075	6.1467	-48.7	-56.65	5.96	6.15			
122	P	129.3124	8.5604	58.17	-34.34	5.39	5.32	13.053	14.688	2.544	143.502
122	S	129.3128	8.5599	56.82	-37.15	5.40	5.33			
123	P	129.3465	5.6498	-29.63	-27.26	3.62	4.95	13.206	13.65	18.555	214.038
123	S	129.3436	5.6455	-28.85	-28.01	3.67	4.79			
124	P	129.3633	4.5804	61.67	-59.25	3.87	3.57	13.153	15.648	4.789	61.340
124	S	129.3645	4.5811	63.24	-59.08	3.91	3.60			
125	P	129.3866	9.3414	-37.18	-5.47	3.75	3.55	14.192	15.599	2.647	123.140
125	S	129.3872	9.3410	-38.47	-7.95	3.79	3.58			
126	P	129.4377	-0.1022	-40.21	7.03	4.12	4.20	12.692	14.386	7.199	164.838
126	S	129.4383	-0.1042	-39.5	8.78	4.15	4.28			
127	P	129.4965	-1.0831	-31.16	-11.64	3.38	4.08	12.831	15.539	4.296	240.703
127	S	129.4954	-1.0837	-32.8	-9.95	3.43	4.11			
128	P	129.5426	2.9759	13.65	-41.09	4.86	4.10	12.656	13.885	23.451	28.216
128	S	129.5457	2.9816	16.06	-43.34	4.87	3.82			

129	P	129.5598	8.8165	29.28	-33.64	4.24	5.29	13.416	15.176	12.889	308.383
129	S	129.5570	8.8188	28.07	-34.84	4.47	5.29				
130	P	129.6338	24.8845	-50.18	4.33	5.05	5.84	13.34	13.9	3.697	271.004
130	S	129.6327	24.8845	-49.97	4.4	5.05	5.84				
131	P	129.6959	7.7228	-48.26	-10.04	4.99	4.10	12.782	16.366	13.066	104.864
131	S	129.6994	7.7219	-46.84	-9.91	5.12	4.28				
132	P	129.7030	1.6148	24.75	-35.62	6.11	5.64	13.781	13.873	23.101	56.369
132	S	129.7084	1.6184	25.28	-35.54	5.78	6.45				
133	P	129.7811	24.5984	78.56	-46.73	7.60	5.79	15.839	16.272	3.024	56.466
133	S	129.7819	24.5988	79.18	-48.62	7.64	5.85				
134	P	129.8353	23.5697	13.07	-54.57	5.84	7.19	14.7	15.842	15.845	213.080
134	S	129.8326	23.5660	7.78	-54.75	5.21	7.20				
135	P	129.8743	4.8009	-5.54	-58.68	5.08	4.58	15.437	15.569	2.375	342.419
135	S	129.8741	4.8015	-4.65	-56.66	5.09	4.59				
136	P	129.9150	-0.2162	-3.36	-31.55	4.44	3.96	14.171	15.512	10.026	126.385
136	S	129.9172	-0.2178	-4.21	-32.17	4.38	4.36				
137	P	129.9171	0.1742	-45.76	-7.91	5.27	4.21	16.056	16.306	3.033	235.593
137	S	129.9164	0.1738	-46.61	-9.47	5.28	4.22				
138	P	129.9236	6.2001	-20.13	-27.15	3.74	3.79	13.835	14.261	2.589	240.416
138	S	129.9230	6.1997	-19.92	-29.68	3.83	3.69				
139	P	129.9518	-0.6939	40.71	-80.66	4.94	2.88	13.117	13.927	4.546	297.033
139	S	129.9507	-0.6934	40.77	-81.45	4.84	2.87				
140	P	129.9727	8.2114	-10.49	-27.01	3.02	4.02	14.306	15.064	2.367	327.590
140	S	129.9724	8.2119	-10.85	-26.92	3.04	4.03				
141	P	129.9888	7.2128	-57.27	-43.3	5.43	6.29	12.392	14.728	3.204	174.563
141	S	129.9889	7.2119	-59.56	-45.1	5.44	6.30				
142	P	130.0069	8.5642	-2	-41.14	4.40	3.60	16.401	17.508	5.722	63.065
142	S	130.0083	8.5649	-3.19	-41.59	5.32	4.66				
143	P	130.1910	8.2489	-32.84	10.87	2.10	3.52	16.089	16.34	3.863	40.906
143	S	130.1917	8.2497	-35.65	12.18	2.16	3.48				
144	P	130.2091	4.4871	-12.42	-22.4	3.70	2.51	14.368	14.409	5.639	295.000
144	S	130.2077	4.4877	-13.83	-22.57	3.70	2.51				
145	P	130.2373	1.9342	-24.91	-109.35	6.06	3.71	12.172	12.307	2.420	17.833
145	S	130.2375	1.9348	-23.18	-107.28	6.06	3.71				
146	P	130.3367	1.1576	66.23	-119.94	5.77	6.00	12.912	13.287	22.723	342.685
146	S	130.3348	1.1636	71.97	-119.14	5.78	6.01				
147	P	130.3571	-0.3708	-20.68	-21.01	3.73	3.86	14.214	15.75	6.402	113.322
147	S	130.3588	-0.3715	-24.62	-17.9	3.76	3.84				
148	P	130.4280	1.5088	56.98	-64.57	5.13	4.83	12.969	15.439	8.212	242.337
148	S	130.4260	1.5077	54.22	-66.46	4.37	5.06				
149	P	130.5807	7.0516	11.48	-61.72	4.63	7.09	12.74	14.777	3.739	13.934
149	S	130.5809	7.0526	10.49	-62.31	4.65	7.11				
150	P	130.6666	0.6511	-40.03	-23.44	5.58	5.37	13.607	14.702	3.628	164.930
150	S	130.6668	0.6501	-41.59	-23.61	5.59	5.38				
151	P	130.7178	-0.7141	10.14	-64.57	4.76	5.10	14.646	15.331	4.920	263.488
151	S	130.7165	-0.7142	11.97	-59.6	3.74	4.79				
152	P	130.7681	28.6630	-57.2	-35.25	9.64	5.25	12.793	15.82	2.641	49.641
152	S	130.7687	28.6634	-73.51	-39.12	11.44	5.76				
153	P	130.8148	9.1430	2.3	-65.53	6.37	6.70	15.235	15.499	2.212	340.472
153	S	130.8145	9.1436	2.55	-67.4	6.40	6.73				
154	P	130.8773	25.6118	11.69	-80.51	8.72	8.90	13.253	15.221	6.793	71.299
154	S	130.8793	25.6124	9.78	-82.77	8.77	8.95				
155	P	130.9123	-0.5225	14.3	-72.07	3.82	4.14	13.306	13.664	8.415	71.440
155	S	130.9145	-0.5217	14.49	-71.8	3.68	4.69				
156	P	130.9341	27.4117	-78.05	-61.1	9.04	8.97	14.787	15.002	8.972	54.730
156	S	130.9364	27.4131	-77.82	-61.12	9.39	9.13				
157	P	131.1911	1.0202	17.26	-51.94	3.00	4.36	13.665	14.688	11.240	314.927

157	S	131.1889	1.0224	15.73	-53.84	3.03	4.37			
158	P	131.4344	2.3197	-55.19	-21.38	4.04	4.98	13.396	13.527	2.547	278.045
158	S	131.4337	2.3198	-56.76	-19.2	4.30	5.12			
159	P	131.4859	-0.5313	-47.36	-1.38	4.17	3.59	12.988	13.009	15.394	320.848
159	S	131.4832	-0.5280	-47.8	-2.4	4.25	3.68			
160	P	131.5022	-1.1731	-22.52	-42.21	5.16	5.68	13.925	16.224	3.986	154.088
160	S	131.5026	-1.1741	-22.55	-37.07	5.29	5.79			
161	P	131.5582	-1.2237	-30.07	-6.6	3.36	3.62	12.907	13.513	29.092	334.176
161	S	131.5547	-1.2165	-31.55	-5.86	3.33	3.89			
162	P	131.5969	2.5698	11.26	-30.67	5.10	3.87	13.633	13.928	10.556	162.595
162	S	131.5978	2.5670	14.03	-29.47	3.58	3.42			
163	P	131.6293	4.6596	-33.85	-19.51	4.53	5.79	13.08	13.226	6.961	334.766
163	S	131.6285	4.6613	-33.83	-16.35	4.56	5.97			
164	P	131.7362	-1.0412	-9.39	-47.76	5.51	5.78	14.79	15.836	8.330	290.333
164	S	131.7341	-1.0404	-19.53	-36.8	5.55	5.81			
165	P	131.8460	8.2027	-15.13	-74.5	7.88	7.50	13.56	14.56	15.192	244.992
165	S	131.8421	8.2009	-14.88	-70.53	7.85	6.70			
166	P	131.9693	2.8763	30.27	-56.54	5.21	7.79	12.977	13.887	3.450	98.462
166	S	131.9702	2.8762	32.16	-57.33	5.22	7.79			
167	P	131.9941	10.2612	-35.77	-46.34	4.92	6.41	14.043	14.193	9.998	151.771
167	S	131.9954	10.2587	-35.44	-47.06	4.92	6.41			
168	P	132.0015	26.1133	-13.14	-67.23	7.24	9.94	13.558	14.702	6.056	54.538
168	S	132.0031	26.1142	-9.93	-70.12	5.87	8.38			
169	P	132.0312	-1.4419	1.27	-33.52	4.97	3.90	16.433	16.489	23.615	292.554
169	S	132.0252	-1.4394	3.18	-32.6	4.92	3.93			
170	P	132.0701	10.5187	26.4	-51.59	6.41	6.20	13.205	14.443	12.413	270.133
170	S	132.0666	10.5187	26.4	-52.19	6.42	6.21			
171	P	132.0838	10.2126	-21.03	-27.31	4.40	4.03	12.8	14.163	9.804	291.476
171	S	132.0812	10.2136	-20.42	-25.81	4.41	4.04			
172	P	132.2889	10.4581	-46.43	11.47	3.83	4.66	15.665	17.504	20.261	235.189
172	S	132.2842	10.4549	-51.03	14.8	4.92	5.14			
173	P	132.3245	6.6355	-33.41	5.31	4.20	4.04	13.265	14.229	3.147	195.620
173	S	132.3242	6.6346	-32.54	5.65	4.21	4.05			
174	P	132.3852	3.1753	-47.6	28.58	6.11	8.69	13.274	13.483	16.269	98.001
174	S	132.3897	3.1747	-47.75	28.47	5.46	8.92			
175	P	132.4503	27.7369	-56.25	-20.33	6.12	7.48	15.796	16.11	3.169	296.004
175	S	132.4494	27.7373	-58.05	-21.05	6.22	7.53			
176	P	132.5104	0.1939	-6.25	-32.99	4.17	4.21	14.9	17.062	2.289	159.855
176	S	132.5106	0.1933	-9.1	-31.06	4.39	4.42			
177	P	132.5887	8.6621	22.56	-52.02	3.15	5.77	16.016	17.804	11.884	295.133
177	S	132.5857	8.6635	26.79	-48.08	4.45	7.13			
178	P	132.7713	-1.9288	-30.49	19.6	3.78	4.04	15.184	15.588	5.006	304.916
178	S	132.7701	-1.9280	-31.46	18.6	3.80	4.06			
179	P	133.0138	2.1083	-57.4	-7.92	6.65	6.20	15.082	15.278	17.716	290.048
179	S	133.0092	2.1100	-53.73	-15.79	6.59	6.07			
180	P	133.0127	-0.2434	-48.93	73.68	5.53	3.82	13.582	13.96	3.666	188.926
180	S	133.0125	-0.2444	-48.99	73.31	5.53	3.82			
181	P	133.1294	0.1391	-18.13	-32.17	3.97	3.20	14.387	14.652	2.297	249.833
181	S	133.1288	0.1388	-17.92	-31.6	3.98	3.20			
182	P	133.2540	0.2326	9.05	-34.7	4.01	2.64	15.164	16.763	8.250	93.227
182	S	133.2563	0.2325	13.99	-31.69	4.26	2.99			
183	P	133.4189	3.3613	-4.79	-74.89	7.80	8.58	12.239	13.207	9.461	50.319
183	S	133.4209	3.3630	-4.28	-75.11	7.80	8.58			
184	P	133.5507	1.4747	3.07	-29.83	2.58	5.39	14.288	15.717	6.768	218.470
184	S	133.5495	1.4733	3.45	-31.73	2.77	4.96			
185	P	133.6273	1.5403	-26.71	25.52	3.83	4.81	14.232	14.662	28.794	3.985
185	S	133.6279	1.5483	-24.7	20.28	3.94	4.72			

186	P	133.9627	1.5338	-0.57	-42.54	5.42	5.01	13.309	14.6	13.735	110.626
186	S	133.9663	1.5325	-0.34	-43.64	4.78	3.19				
187	P	133.9775	0.0600	-41.46	2.76	5.34	5.57	13.53	14.157	13.298	29.966
187	S	133.9794	0.0632	-41.87	3.12	5.34	5.57				
188	P	134.1283	-2.9456	-57.28	-2.34	3.36	5.28	13.732	14.582	26.042	261.726
188	S	134.1212	-2.9467	-57.32	-2.54	3.44	3.82				
189	P	134.2015	2.1898	37.71	-48.9	6.54	6.90	14.934	15.439	26.031	129.208
189	S	134.2071	2.1852	35.92	-46.2	6.58	6.66				
190	P	134.3683	-2.9215	11.53	-106.22	3.95	3.83	15.632	16.812	13.247	199.947
190	S	134.3670	-2.9249	15.32	-105.47	4.25	4.04				
191	P	134.3969	0.6048	-13.08	-33.67	3.87	4.48	14.683	15.475	13.318	281.681
191	S	134.3932	0.6055	-14.56	-34.85	3.83	4.58				
192	P	134.4904	28.7548	-66.85	-15.48	4.55	5.27	14.38	14.631	3.698	204.723
192	S	134.4899	28.7538	-66.29	-16.59	4.58	5.27				
193	P	134.7353	-1.9779	-1.22	-71.23	4.47	4.18	12.533	14.932	2.911	176.457
193	S	134.7354	-1.9787	1.47	-70.42	4.48	4.20				
194	P	134.7586	-3.0834	26.79	-41.94	5.53	5.52	15.333	16.155	3.608	272.287
194	S	134.7576	-3.0833	24.06	-39.91	5.58	5.76				
195	P	134.7645	27.0495	22.1	-60.62	9.30	8.67	12.94	13.399	1.687	56.154
195	S	134.7649	27.0498	16.6	-62.85	9.30	8.67				
196	P	134.8258	-2.9106	-5.4	-28.12	2.89	4.00	12.736	14.999	5.951	279.999
196	S	134.8241	-2.9103	-4.13	-27.28	2.92	4.02				
197	P	134.9330	1.8832	-23.26	-36.99	3.82	5.13	13.546	13.638	2.641	31.271
197	S	134.9334	1.8838	-22.96	-36.73	3.83	5.13				
198	P	134.9420	29.5503	-24.2	-50.93	5.67	3.20	15.806	17.463	2.242	140.429
198	S	134.9424	29.5499	-20.06	-55.12	6.70	4.87				
199	P	135.1008	1.8506	-53.91	21.38	4.41	5.04	13.972	14.596	12.125	32.709
199	S	135.1026	1.8534	-57.4	24.85	4.92	5.68				
200	P	135.1305	-2.0400	-38.18	8.59	4.81	5.01	12.759	16.945	5.506	208.745
200	S	135.1298	-2.0414	-40.8	9.89	5.15	5.36				
201	P	135.2888	2.1750	-1.49	-39.38	4.08	5.48	13.563	15.535	8.391	298.747
201	S	135.2868	2.1761	-0.88	-37.84	4.16	5.54				
202	P	135.5215	27.5583	-83.1	-4.37	9.49	9.06	13.718	14.683	15.905	27.746
202	S	135.5238	27.5622	-88.36	-3.42	9.51	9.09				
203	P	135.6281	-1.8584	1.52	-48.61	5.63	4.73	12.03	14.468	11.232	218.258
203	S	135.6262	-1.8609	1.95	-46.01	5.64	4.74				
204	P	135.7244	28.7436	124.94	-62.64	7.25	9.25	13.576	14.593	2.422	98.894
204	S	135.7252	28.7435	121.86	-61.16	7.28	9.27				
205	P	135.8134	-2.1971	19.75	-46.38	4.01	5.24	12.811	14.537	9.288	148.552
205	S	135.8148	-2.1993	19.31	-47.33	4.15	5.46				
206	P	135.8938	-2.0086	12.3	-39.46	6.54	4.39	14.414	15.697	6.030	231.622
206	S	135.8925	-2.0097	11.14	-41.74	6.88	4.49				
207	P	135.9430	30.1748	-65.44	-77.52	10.32	11.07	14.627	16.923	14.683	307.519
207	S	135.9393	30.1773	-69.78	-82.81	11.30	11.96				
208	P	136.0561	1.0404	10.68	-77.98	5.53	5.82	13.028	14.226	6.370	1.457
208	S	136.0562	1.0422	11.45	-78.13	5.54	5.83				
209	P	136.1030	2.8152	-32.5	22.25	5.19	4.90	14.588	14.953	2.865	272.377
209	S	136.1022	2.8152	-32.29	23.42	5.20	4.92				
210	P	136.1610	28.4042	-20.64	-72.05	6.22	7.87	13.068	15.342	6.636	122.629
210	S	136.1628	28.4032	-21.46	-72	6.15	8.02				
211	P	136.2361	0.9103	44.82	-37.56	5.11	2.82	13.067	13.26	3.506	71.191
211	S	136.2371	0.9106	43.85	-39.15	5.11	2.82				
212	P	136.2716	0.4707	6.23	-38.95	4.97	5.69	13.576	13.765	5.249	173.265
212	S	136.2717	0.4693	5.39	-39.15	4.97	5.69				
213	P	136.2993	29.1118	-28.35	-47.36	5.05	5.84	13.355	15.047	2.251	190.385
213	S	136.2992	29.1112	-26.63	-54.66	5.28	5.21				
214	P	136.4503	0.1595	27.04	-32.75	5.57	5.65	13.356	13.596	2.241	197.678

214	S	136.4501	0.1589	27.63	-30.84	5.57	5.65			
215	P	136.4654	0.9324	-46.95	1.05	6.34	6.33	14.673	15.232	7.167	357.525
215	S	136.4653	0.9344	-46.8	0.47	6.35	6.34			
216	P	136.5574	0.3287	-21.06	-16.38	3.46	3.05	15.366	15.381	29.643	289.643
216	S	136.5497	0.3314	-15.27	-17.99	3.43	3.23			
217	P	136.7046	31.2813	-28.94	-47.56	5.58	5.73	15.555	17.189	2.524	311.761
217	S	136.7040	31.2818	-26.75	-50.02	7.29	7.41			
218	P	136.9694	0.8646	-28.62	20.07	3.55	3.61	15.33	16.823	3.241	202.804
218	S	136.9690	0.8637	-27.29	19.1	3.94	3.99			
219	P	137.0556	0.6247	-36.88	-24.05	5.71	5.77	12.847	15.988	3.027	136.110
219	S	137.0561	0.6241	-37.95	-19.58	5.92	5.79			
220	P	137.0757	2.2039	-20.95	-44.89	4.61	5.03	12.891	13.916	2.611	48.778
220	S	137.0763	2.2044	-22.76	-46.59	4.63	5.04			
221	P	137.1331	1.7787	-50.33	-52.71	5.69	5.04	13.491	15.309	2.378	183.905
221	S	137.1331	1.7780	-50.56	-52.31	5.73	5.08			
222	P	137.2209	29.5579	-45.69	-50.24	6.53	6.40	13.523	13.563	3.274	61.857
222	S	137.2218	29.5584	-45.4	-48.85	7.60	7.45			
223	P	137.2851	0.6373	-45.94	-21.85	6.48	6.87	13.755	14.541	15.060	297.706
223	S	137.2814	0.6392	-46.53	-21.24	6.67	6.74			
224	P	137.3697	-0.2294	112.44	-81.76	4.90	4.99	15.104	16.382	6.818	106.502
224	S	137.3715	-0.2299	113.07	-85.53	4.99	5.08			
225	P	137.3990	-2.9319	-72.5	-96.46	5.45	5.24	13.115	15.765	2.550	144.282
225	S	137.3994	-2.9325	-73.23	-96.33	5.48	5.26			
226	P	137.5525	-2.2048	-43.91	5.48	6.58	2.55	14.419	15.027	20.150	16.737
226	S	137.5541	-2.1995	-39.62	2.1	5.91	3.04			
227	P	137.6538	1.5712	21.96	-62.37	4.43	6.24	14.105	15.911	7.990	142.258
227	S	137.6552	1.5695	21.25	-62.42	4.57	6.34			
228	P	137.6685	2.6660	-9	-63.93	5.41	4.89	12.782	13.905	15.664	194.424
228	S	137.6674	2.6618	-6.07	-64.71	5.86	5.19			
229	P	137.7343	0.3655	-75.34	-35.2	5.91	6.56	12.92	14.849	5.491	123.420
229	S	137.7356	0.3646	-77.02	-34.85	5.76	6.04			
230	P	137.7626	-0.2269	5.13	-44.3	4.55	3.79	14.062	17.179	14.451	11.758
230	S	137.7635	-0.2230	1.2	-44.48	5.34	4.58			
231	P	137.9735	-1.9509	-11.95	-36.69	5.70	4.16	17.076	17.501	14.103	68.103
231	S	137.9771	-1.9494	-20.83	-34.78	5.04	4.76			
232	P	138.2886	1.5730	-52.11	0.9	6.02	5.19	14.683	14.754	3.884	130.877
232	S	138.2894	1.5723	-52.3	-0.12	6.02	5.20			
233	P	138.3155	30.6709	-37.76	-98.54	8.87	8.43	13.909	16.975	23.785	328.198
233	S	138.3115	30.6765	-43.69	-91.24	10.34	9.82			
234	P	138.4085	10.3423	32.15	-35.62	5.56	5.71	12.834	14.746	2.593	12.544
234	S	138.4087	10.3430	32.1	-32.78	5.58	5.72			
235	P	138.4403	-2.7167	-42.17	-10.74	3.56	5.32	14.894	16.392	21.674	0.799
235	S	138.4404	-2.7107	-39.82	-6.51	3.74	4.27			
236	P	138.5560	5.6235	19.7	-39.47	3.81	5.36	15.926	16.93	15.176	278.980
236	S	138.5518	5.6242	16.78	-37.14	4.38	5.50			
237	P	138.5699	10.1364	-9.99	-46.48	5.02	5.16	14.845	17.57	4.985	142.874
237	S	138.5707	10.1353	-5.39	-47.41	6.09	6.21			
238	P	138.6056	-2.7520	-32.32	-18.49	4.47	5.05	14.834	15.516	29.337	125.922
238	S	138.6122	-2.7568	-31.48	-19.15	4.50	4.15			
239	P	138.6198	5.8127	-48.23	12.62	5.14	7.81	14.988	16.221	2.194	11.106
239	S	138.6199	5.8133	-47.2	8.26	5.32	7.93			
240	P	138.9254	8.3736	-32.47	-25.95	3.55	4.57	13.503	14.969	12.269	183.445
240	S	138.9252	8.3702	-34.97	-26.25	3.46	4.57			
241	P	139.2092	-2.6874	-43.96	-0.42	5.89	5.98	13.736	15.679	8.540	341.920
241	S	139.2085	-2.6851	-49.78	-2.89	5.44	6.08			
242	P	139.2644	7.5914	-35.01	0.42	4.26	3.74	16.576	16.722	6.636	36.535
242	S	139.2655	7.5928	-35.92	-1.7	4.41	3.85			

243	P	139.2823	-0.1295	-49.48	-28.11	4.61	5.08	12.954	13.711	12.940	357.130
243	S	139.2821	-0.1259	-48.88	-26.47	4.61	5.08				
244	P	139.3468	5.9080	-66.68	-41.83	5.54	5.38	14.208	15.076	10.380	171.270
244	S	139.3473	5.9051	-65.64	-43.15	5.55	5.38				
245	P	139.3547	9.0264	-36.22	3.55	2.48	3.14	14.048	15.119	5.925	220.897
245	S	139.3536	9.0251	-36.54	4.69	2.49	3.15				
246	P	139.3729	-0.2840	-33.55	-2.22	4.82	3.56	12.556	15.999	3.075	222.865
246	S	139.3724	-0.2846	-32.81	-3.13	4.88	3.63				
247	P	139.4157	2.7665	-29.04	-15.58	4.13	4.21	12.887	13.369	3.706	241.193
247	S	139.4148	2.7660	-29.62	-14.41	4.25	4.33				
248	P	139.4844	2.6649	-99.17	2.32	6.40	6.43	13.947	14.508	3.583	195.961
248	S	139.4841	2.6639	-98.8	2.96	6.41	6.44				
249	P	139.4997	6.0104	-60.53	-61.97	4.76	4.59	15.188	16.617	4.013	134.832
249	S	139.5005	6.0096	-61.21	-65.15	4.82	4.77				
250	P	139.5953	-0.4226	-41.86	-8.51	3.90	4.98	16.089	17.429	10.561	181.250
250	S	139.5953	-0.4255	-43.16	-9.97	4.53	6.14				
251	P	139.6207	0.6100	0.24	45.66	4.26	5.14	12.277	13.009	3.656	241.793
251	S	139.6198	0.6096	0.44	46.77	4.26	5.14				
252	P	139.6811	-2.0283	-59.5	40.2	4.50	6.12	15.659	16.46	2.076	151.317
252	S	139.6814	-2.0288	-58.78	42.72	5.03	6.32				
253	P	139.7341	31.1344	38.91	-55.51	7.56	8.47	15.542	17.226	4.037	135.148
253	S	139.7350	31.1336	46.07	-61.04	7.53	8.25				
254	P	139.8418	5.7150	-26.18	-7.72	3.98	3.65	13.255	14.234	2.248	247.300
254	S	139.8412	5.7148	-28.52	-9.18	3.98	3.65				
255	P	139.9171	6.8495	8.34	-36.66	4.41	4.39	14.475	16.98	27.275	345.202
255	S	139.9151	6.8568	10	-38.43	4.79	6.01				
256	P	139.9330	31.1959	51.88	-59.9	9.21	8.66	13.094	14.322	4.813	10.395
256	S	139.9333	31.1972	51.94	-62.73	9.22	8.68				
257	P	140.0206	9.6361	-45.37	-40.97	6.02	5.62	15.558	15.982	2.163	222.651
257	S	140.0202	9.6357	-46.38	-40.55	6.04	5.64				
258	P	140.1500	6.9133	-19.27	-27.94	4.22	3.98	13.767	14.629	6.390	151.434
258	S	140.1508	6.9117	-18.65	-28.44	4.27	4.02				
259	P	140.1524	10.0759	-48.09	-6.85	5.95	6.02	15.561	16.345	13.818	210.625
259	S	140.1504	10.0726	-48.36	-7.58	6.05	6.12				
260	P	140.1992	0.0019	-28.46	-38.55	5.77	5.78	12.938	16.683	14.663	165.148
260	S	140.2002	-0.0020	-29.9	-34.58	6.38	6.09				
261	P	140.3654	-0.5091	-26.38	-15.4	2.96	3.95	12.791	14.046	6.872	274.928
261	S	140.3635	-0.5089	-26.49	-15.2	4.14	3.93				
262	P	140.3659	-2.9704	-62.02	26.59	6.87	6.76	15.652	16.729	3.278	321.142
262	S	140.3653	-2.9697	-62.44	24.32	6.97	6.86				
263	P	140.4106	-0.5723	7.18	-35.63	5.24	4.44	13.349	14.6	5.327	101.341
263	S	140.4120	-0.5726	3.23	-35.98	5.25	4.45				
264	P	140.4154	-1.5014	-73.76	10.45	5.40	5.71	13.009	13.328	3.486	143.364
264	S	140.4159	-1.5021	-72.99	10.06	5.40	5.71				
265	P	140.4314	10.6964	-57.58	11.7	4.47	3.85	12.629	14.792	2.416	174.455
265	S	140.4315	10.6957	-53.3	7.56	4.37	3.71				
266	P	140.4721	-0.3488	-29.86	-22.31	2.79	4.72	13.888	15.878	8.251	244.407
266	S	140.4700	-0.3498	-31.72	-23.86	2.83	4.63				
267	P	140.4971	10.3911	-30.42	-5	4.73	1.81	14.068	15.635	2.627	194.359
267	S	140.4969	10.3904	-29.71	-6.91	4.92	1.90				
268	P	140.5119	7.5834	11.2	-27.14	3.10	3.37	13.709	15.428	3.491	300.832
268	S	140.5111	7.5839	8.52	-23.68	3.13	3.39				
269	P	140.6081	-2.9961	12.6	-62.29	4.79	5.38	14.087	14.527	4.883	229.442
269	S	140.6071	-2.9970	12.87	-63.03	4.80	5.38				
270	P	140.6641	-2.8764	-59.45	10.41	2.65	4.14	12.692	15.164	2.411	12.838
270	S	140.6642	-2.8757	-55.86	8	2.76	4.14				
271	P	140.9959	31.3793	-43.86	-73.02	6.99	9.96	15.684	16.855	2.908	270.993

271	S	140.9950	31.3793	-46.46	-78.91	7.51	10.33				
272	P	141.1990	1.9916	-32.72	23.08	4.78	4.52	12.501	12.791	8.108	191.493
272	S	141.1986	1.9894	-33.4	22.7	4.81	5.24				
273	P	141.3674	3.6184	-47.73	-67.46	5.73	5.15	13.302	13.411	3.844	227.824
273	S	141.3666	3.6177	-47.42	-68.18	5.73	5.15				
274	P	141.3940	-2.1924	-44.88	-7.62	5.00	4.03	14.246	16.265	17.452	15.115
274	S	141.3952	-2.1877	-47.91	-1.55	5.24	2.90				
275	P	141.4405	0.9942	-1.07	-29.32	2.67	3.04	14.33	17.239	6.751	103.727
275	S	141.4424	0.9938	-4.14	-27.49	3.94	3.47				
276	P	141.5286	-0.9642	-32.43	-3.01	4.89	3.86	13.795	15.985	2.255	96.048
276	S	141.5292	-0.9642	-40.43	2.98	4.96	3.86				
277	P	141.5799	2.5054	-64.62	-5.42	6.67	7.51	13.714	15.321	26.589	184.088
277	S	141.5793	2.4980	-65.28	-5.62	6.69	7.40				
278	P	141.8975	6.3190	-52.33	20.25	5.43	6.52	15.727	15.889	17.727	351.901
278	S	141.8968	6.3239	-46.77	17.2	5.38	7.13				
279	P	141.9003	-0.6348	26.03	-27.16	4.97	5.28	15.196	15.804	15.457	1.027
279	S	141.9003	-0.6305	27.68	-26.52	4.99	5.30				
280	P	141.9108	10.8803	-23.26	-42.65	5.07	5.62	13.551	13.881	2.295	182.207
280	S	141.9107	10.8797	-26.08	-39.93	5.07	5.62				
281	P	141.9686	-2.5641	10.85	-44.86	6.55	3.59	15.102	15.648	5.060	272.937
281	S	141.9672	-2.5640	10.73	-44.49	6.57	3.62				
282	P	141.9829	11.3788	8.02	-35.95	4.32	5.44	15.404	16.949	2.237	319.574
282	S	141.9825	11.3793	8.07	-39.07	4.72	5.42				
283	P	142.0336	32.2754	-34.8	-59.56	7.48	9.76	15.969	16.828	3.508	215.540
283	S	142.0330	32.2746	-37.72	-69.01	8.86	9.87				
284	P	142.0845	-2.6924	-43.06	0.26	3.61	4.30	13.886	15.897	26.130	87.402
284	S	142.0917	-2.6921	-45.9	-3.92	3.77	4.66				
285	P	142.1715	-1.4349	-30.63	-20.41	5.57	4.47	12.618	13.719	5.926	286.481
285	S	142.1700	-1.4344	-30.9	-20.98	5.58	4.48				
286	P	142.1757	2.1908	-58.36	1.93	6.34	5.27	13.508	14.165	10.716	200.004
286	S	142.1746	2.1880	-61.48	4.8	6.59	4.65				
287	P	142.3022	32.9475	-50.23	7.95	5.11	5.63	13.818	15.585	2.207	222.226
287	S	142.3017	32.9470	-49.08	9.14	5.16	5.67				
288	P	142.3097	9.9017	34.12	-34.11	6.71	6.83	14.757	15.982	6.096	93.827
288	S	142.3115	9.9015	35.97	-35.1	6.80	6.92				
289	P	142.3148	7.6841	-96.83	-42.36	6.71	6.94	13.317	15.81	5.605	312.460
289	S	142.3136	7.6852	-96.78	-41.89	6.76	7.00				
290	P	142.3192	33.6405	-16.31	-101.75	11.63	8.99	14.999	15.366	10.232	26.120
290	S	142.3208	33.6430	-17.42	-97.75	11.66	9.01				
291	P	142.3310	-0.0380	-26.85	-28.84	4.53	4.57	13.208	13.556	3.999	125.879
291	S	142.3319	-0.0387	-26.38	-25.25	4.91	5.40				
292	P	142.3887	-0.4588	-8.46	-47.12	5.26	5.13	14.495	14.736	22.778	118.891
292	S	142.3943	-0.4618	-10.57	-47.52	5.35	5.10				
293	P	142.4237	2.9565	-38.85	-10.77	6.40	3.45	12.949	14.816	2.495	9.206
293	S	142.4238	2.9572	-44.15	-15.26	6.43	3.51				
294	P	142.5772	1.9585	-53.5	17.63	7.07	5.62	13.536	15.883	14.819	179.165
294	S	142.5772	1.9544	-53.06	18.4	7.21	6.41				
295	P	142.7140	-3.1470	-26.25	-35.09	4.94	3.47	13.169	14.899	6.581	13.037
295	S	142.7144	-3.1452	-27.42	-34.45	5.32	3.90				
296	P	142.7456	32.4953	-13.55	-47.73	6.93	6.58	16.633	16.825	2.393	291.351
296	S	142.7448	32.4956	-16.59	-49.89	6.98	6.65				
297	P	142.9834	-1.0713	-9.76	-61.78	3.55	4.69	12.539	14.918	5.570	48.217
297	S	142.9846	-1.0702	-10.52	-61.67	3.57	4.71				
298	P	143.0067	9.0494	-52.3	-6.88	5.42	3.90	13.138	15.126	24.962	35.980
298	S	143.0109	9.0550	-48.6	-5.55	5.25	3.87				
299	P	143.0838	10.6776	-46.07	-21.62	6.20	6.74	13.821	15.119	2.150	341.983
299	S	143.0836	10.6782	-43.43	-22.99	6.21	6.76				

300	P	143.0870	-2.1175	-59.85	1.37	5.96	6.28	12.666	14.296	2.656	357.438
300	S	143.0870	-2.1168	-60.62	4.12	5.97	6.29				
301	P	143.1782	-2.1044	31.37	-40.47	3.47	5.93	13.385	14.009	5.769	195.665
301	S	143.1778	-2.1059	30.81	-40.66	3.47	5.93				
302	P	143.1793	-2.6145	-36.74	14.76	4.82	4.47	13.471	15.213	20.375	355.860
302	S	143.1789	-2.6089	-34.02	14.01	4.90	4.54				
303	P	143.9941	33.4917	-30.74	-84.92	8.10	10.08	13.182	14.025	3.746	138.727
303	S	143.9950	33.4909	-24.38	-88.04	8.13	10.09				
304	P	144.0395	-0.6493	46.81	-33.75	5.52	5.36	15.387	15.872	2.008	165.466
304	S	144.0396	-0.6499	48.42	-32.19	5.55	5.39				
305	P	144.1115	8.7016	0.34	-39.16	4.15	5.41	13.82	15.7	2.451	217.788
305	S	144.1111	8.7011	-3.2	-46.26	4.23	5.46				
306	P	144.1403	10.8911	-47.84	-19.21	4.14	4.61	14.808	16.217	7.334	343.074
306	S	144.1397	10.8930	-48.48	-19.46	4.22	4.69				
307	P	144.1884	34.2403	-0.04	-72.02	10.05	7.95	14.8	16.488	9.790	309.124
307	S	144.1859	34.2420	-0.39	-67.84	10.31	8.25				
308	P	144.3303	7.1373	-57.23	-78.85	4.57	4.38	12.917	17.172	6.538	78.406
308	S	144.3321	7.1377	-62.89	-76.98	5.03	4.84				
309	P	144.4192	6.2187	15.53	-28.73	4.35	3.45	13.9	14.599	4.276	352.304
309	S	144.4191	6.2199	15.12	-29.33	4.36	3.46				
310	P	144.6533	32.8020	-67.02	-33.29	9.05	10.38	12.748	13.951	3.543	62.984
310	S	144.6544	32.8024	-68.92	-34.02	9.06	10.39				
311	P	144.7015	-1.0271	-37.84	3.77	5.20	4.80	16.681	17.168	6.487	340.924
311	S	144.7009	-1.0254	-38.16	-3.04	5.37	4.99				
312	P	144.7288	-1.1302	-1.78	-48.3	6.05	3.61	15.936	15.978	13.321	8.969
312	S	144.7294	-1.1266	-9.07	-44.55	6.06	3.62				
313	P	144.7896	0.1947	-55.92	-50.8	4.72	4.16	13.767	15.227	2.226	219.817
313	S	144.7892	0.1942	-54.94	-49.26	4.95	4.29				
314	P	145.0055	7.7022	-29.25	17.37	4.12	4.80	13.339	15.935	3.646	324.740
314	S	145.0049	7.7030	-30.13	16.79	4.19	4.87				
315	P	145.1799	10.8332	1.45	-25.06	3.48	3.17	15.293	15.415	5.819	13.170
315	S	145.1802	10.8347	0.72	-24.95	3.53	3.52				
316	P	145.2145	7.0976	27.53	-37.66	6.78	5.06	14.549	15.804	8.396	206.618
316	S	145.2134	7.0955	29.65	-36.63	6.84	5.13				
317	P	145.2620	11.2783	-26.5	-68.58	5.28	3.58	17.292	17.734	5.654	295.861
317	S	145.2605	11.2790	-31.71	-70.33	5.70	4.16				
318	P	145.3701	8.8074	-50.91	-3.62	6.13	5.73	14.281	16.053	8.028	20.548
318	S	145.3709	8.8094	-52.9	-2.97	6.21	5.81				
319	P	145.4136	9.4281	-39.42	-27.65	5.33	5.33	12.847	16.778	5.652	323.308
319	S	145.4127	9.4293	-36.63	-29.23	5.56	5.55				
320	P	145.6005	0.9295	-38.47	-23.21	6.04	5.79	15.082	17.323	23.497	95.204
320	S	145.6070	0.9289	-40.6	-28.82	6.52	6.29				
321	P	145.7640	11.3066	-33.93	-27.38	4.42	5.12	16.305	17.704	29.441	305.414
321	S	145.7572	11.3114	-41.16	-18.33	6.19	5.82				
322	P	145.8090	-1.3506	-106.25	-26.67	6.83	5.08	13.944	14.181	2.366	116.571
322	S	145.8096	-1.3509	-105.34	-26.93	6.83	5.08				
323	P	145.8257	2.0161	-47.98	-6.4	5.81	5.54	15.842	16.35	3.472	85.421
323	S	145.8266	2.0161	-50.98	-7.38	5.86	5.60				
324	P	145.8502	8.6417	-74.82	11.44	4.45	4.15	13.104	15.943	17.900	253.334
324	S	145.8454	8.6402	-78.37	12.34	4.95	4.73				
325	P	145.9447	10.1437	-40.84	-43.1	3.39	6.64	15.522	16.177	4.179	38.060
325	S	145.9454	10.1446	-43.93	-42.93	3.37	4.03				
326	P	146.0966	8.7063	117.21	-82.46	7.70	6.81	14.369	15.383	7.978	272.923
326	S	146.0944	8.7064	117.27	-85.96	7.71	6.82				
327	P	146.0974	-1.9108	-43.1	14.35	6.13	6.08	16.668	17.245	4.421	245.258
327	S	146.0963	-1.9113	-41.97	20.76	6.28	6.22				
328	P	146.1315	1.3069	-33.92	-29.23	5.97	4.30	13.965	15.364	2.549	191.069

328	S	146.1313	1.3062	-36.66	-29.62	6.70	4.34			
329	P	146.2764	7.2638	-49.07	-24.82	5.66	4.52	13.372	14.727	2.496	289.462
329	S	146.2758	7.2640	-49.82	-25.35	5.67	4.54			
330	P	146.5560	0.3518	-177.06	-46.7	6.53	6.24	15.111	15.152	4.044	333.116
330	S	146.5555	0.3528	-175.75	-44.76	6.53	6.25			
331	P	146.6217	11.0120	28.4	-35.66	4.71	6.80	15.336	16.391	11.131	213.140
331	S	146.6200	11.0094	28.69	-34.84	4.76	6.84			
332	P	146.6274	9.1896	-58.46	-32.44	6.23	5.60	15.955	16.65	3.253	201.606
332	S	146.6270	9.1888	-57.17	-33.06	6.32	5.69			
333	P	146.7687	-1.6166	18.71	-40.21	4.41	4.82	15.825	18.038	3.361	281.555
333	S	146.7677	-1.6164	17.27	-45.48	5.73	6.06			
334	P	146.7822	8.0306	-3.63	-85.71	7.43	7.00	16.049	16.231	2.436	285.340
334	S	146.7815	8.0308	-6.79	-85.69	7.44	7.02			
335	P	147.0013	0.0126	-52.81	-41.96	8.85	4.88	13.136	16.418	26.600	328.887
335	S	146.9975	0.0189	-53.91	-34.88	8.52	5.37			
336	P	147.0051	-1.9883	-32.46	6.29	4.43	4.12	12.819	15.224	20.771	309.153
336	S	147.0007	-1.9847	-31.93	9.82	4.34	4.04			
337	P	147.0246	10.6500	-27.88	-35.07	5.21	6.72	13.792	14.928	4.355	151.094
337	S	147.0252	10.6490	-27.83	-34.29	5.36	6.89			
338	P	147.0275	-2.5490	23.28	-51.96	5.45	4.50	12.637	15.171	5.783	201.180
338	S	147.0269	-2.5505	24.16	-50.74	5.46	4.52			
339	P	147.0429	7.1597	-10.41	-55.76	5.20	4.98	15.476	16.904	12.990	135.146
339	S	147.0455	7.1571	-14.88	-60.63	5.36	5.14			
340	P	147.0524	-0.4889	-40.42	25.66	4.23	5.60	14.456	16.769	3.257	220.291
340	S	147.0519	-0.4896	-38.71	28.26	4.49	5.81			
341	P	147.1668	10.1880	9.86	-33.75	4.33	4.37	12.513	14.937	7.211	102.339
341	S	147.1688	10.1876	9.67	-34	4.46	4.52			
342	P	147.2834	-0.8997	-76.06	42.65	5.08	5.06	12.011	13.588	9.669	333.657
342	S	147.2822	-0.8973	-79.76	41.21	5.08	5.06			
343	P	147.4073	-2.0017	-44.62	-80.12	6.57	6.70	15.145	15.818	4.070	14.802
343	S	147.4076	-2.0006	-43.11	-76.27	7.16	7.39			
344	P	147.4176	9.5569	-40.27	1.72	5.42	5.22	15.241	16.369	25.495	339.193
344	S	147.4150	9.5636	-39.44	0.65	5.61	5.36			
345	P	147.5117	9.6974	-25.58	-53.78	6.94	6.31	15.53	15.642	23.864	74.047
345	S	147.5182	9.6992	-25.02	-55.22	6.94	6.32			
346	P	147.7836	2.6333	21.88	-68.01	9.49	8.48	14.188	15.057	5.852	124.813
346	S	147.7849	2.6323	23.96	-69.13	9.52	8.53			
347	P	147.9662	6.6816	12.82	-56.06	5.48	4.53	12.729	15.478	2.339	159.603
347	S	147.9664	6.6810	11.17	-56.58	5.43	4.42			
348	P	147.9682	10.5575	8.84	-49.42	5.91	6.18	13.206	13.393	2.905	254.252
348	S	147.9674	10.5573	5.69	-50.73	5.91	6.18			
349	P	147.9943	6.4770	17.72	-62.18	4.56	5.35	14.757	16.621	2.263	236.065
349	S	147.9938	6.4767	17.68	-63.12	4.83	5.06			
350	P	148.0389	6.5710	-35.09	17.31	5.72	4.76	14.063	18.297	5.574	310.672
350	S	148.0377	6.5720	-42.36	15.23	6.61	5.79			
351	P	148.0455	5.6626	-37.91	-142.31	10.27	7.66	12.952	16.209	20.110	4.997
351	S	148.0460	5.6682	-34.56	-139.72	11.43	8.00			
352	P	148.1025	3.5441	-6.76	-52.83	7.11	7.15	13.967	14.508	5.072	16.759
352	S	148.1029	3.5455	-8.2	-53.88	7.11	7.15			
353	P	148.3505	5.4504	-185.44	38.16	8.27	7.29	13.13	15.738	5.484	118.249
353	S	148.3519	5.4497	-188.3	39.11	8.56	6.45			
354	P	148.3882	8.5327	-54.42	0.62	6.47	6.52	13.917	17.69	20.504	259.898
354	S	148.3825	8.5317	-53.95	5.54	7.20	7.25			
355	P	148.4439	3.2687	-93.96	-74.96	4.40	5.26	13.438	15.89	4.895	222.661
355	S	148.4430	3.2677	-92.72	-73.37	4.48	5.34			
356	P	148.5050	3.4562	-22.65	-81.51	5.80	6.50	13.454	16.434	4.523	153.986
356	S	148.5055	3.4551	-20.04	-82.31	5.91	6.61			

357	P	148.5442	0.3236	-50.17	8.79	5.78	5.77	12.404	13.794	19.744	330.173
357	S	148.5414	0.3284	-48.25	8.71	5.67	5.70				
358	P	148.5762	4.9357	-40.82	29.63	7.00	5.71	13.035	13.518	3.761	264.672
358	S	148.5752	4.9356	-40.96	27.69	6.75	5.89				
359	P	148.6513	1.8911	7.33	-42.79	6.85	4.28	14.809	15.207	6.083	334.645
359	S	148.6505	1.8926	7.03	-42.38	6.87	4.30				
360	P	148.7150	2.1803	-53.78	-5.1	4.61	5.37	16.216	17.654	19.800	129.023
360	S	148.7193	2.1768	-50.02	-16.04	6.97	7.51				
361	P	148.7335	-0.7884	-34.78	-58.89	4.75	5.60	13.244	14.007	4.453	202.582
361	S	148.7330	-0.7896	-35.1	-59.17	4.75	5.61				
362	P	148.7472	7.4935	-54.22	-16.09	5.46	4.00	16.997	17.193	18.599	20.443
362	S	148.7490	7.4984	-53.22	-11.69	5.31	4.08				
363	P	148.8307	6.5834	-46.85	17.69	3.65	5.06	13.347	16.534	4.571	172.176
363	S	148.8309	6.5821	-46.12	20.56	3.95	5.29				
364	P	148.8650	0.3042	11.74	-44.26	5.45	5.68	13.843	16.301	3.116	310.831
364	S	148.8644	0.3047	12.12	-46.05	5.52	5.76				
365	P	148.8654	10.2689	50.92	-13.57	6.70	6.26	12.202	15.857	7.028	130.351
365	S	148.8669	10.2677	49.81	-17.35	6.78	6.34				
366	P	148.9067	1.0690	-48.35	-64.2	5.52	4.82	13.839	15.94	2.648	260.690
366	S	148.9060	1.0689	-49.01	-64.83	5.57	4.87				
367	P	148.9200	1.8005	-75.53	6.44	7.59	7.63	13.559	15.059	8.908	146.400
367	S	148.9214	1.7984	-71.75	9.14	7.60	7.64				
368	P	148.9439	7.6246	-41.05	-6.66	4.35	6.97	13.939	15.399	3.256	276.795
368	S	148.9430	7.6247	-44.66	-4.14	4.39	6.99				
369	P	149.0573	10.6080	-56.28	-14.11	6.59	8.88	14.372	14.529	6.672	282.465
369	S	149.0554	10.6084	-57.59	-13.84	6.51	9.07				
370	P	149.0773	8.2314	-66	-12.75	6.49	6.71	13.202	14.931	3.157	279.054
370	S	149.0764	8.2315	-64.35	-13.95	6.50	6.72				
371	P	149.1115	7.0968	19.67	-30.99	4.13	4.63	12.711	15.019	7.231	78.163
371	S	149.1134	7.0972	21.87	-28.06	5.00	4.94				
372	P	149.1213	-1.1363	3.41	-33.08	3.31	3.96	13.09	15.152	5.220	201.820
372	S	149.1208	-1.1377	-0.59	-34.32	3.33	3.99				
373	P	149.1378	5.4135	-5.07	-150.19	4.91	6.70	14.968	15.329	3.009	28.999
373	S	149.1382	5.4143	-5.69	-149.16	4.93	6.71				
374	P	149.1479	8.2430	-83.16	6.88	8.03	5.49	16.75	17.531	3.091	148.753
374	S	149.1484	8.2423	-74.23	16.43	8.62	6.23				
375	P	149.2377	3.5937	-36.09	38.95	6.87	6.16	13.799	15.593	2.358	333.089
375	S	149.2374	3.5943	-38.95	33.6	6.92	6.22				
376	P	149.2625	0.9537	-47.77	28.37	4.20	4.51	14.844	15.243	7.337	304.934
376	S	149.2608	0.9548	-46.74	26.59	3.95	4.43				
377	P	149.2910	8.9639	-42.47	22.4	7.13	6.15	13.886	14.231	5.678	345.493
377	S	149.2906	8.9655	-42	22.49	7.14	6.15				
378	P	149.3106	10.5377	-72.05	-8.26	6.55	8.05	13.355	13.436	4.037	28.545
378	S	149.3111	10.5387	-72.64	-7.61	6.55	8.05				
379	P	149.4193	-1.1783	-63.78	-11.36	4.98	5.27	12.693	13.766	17.063	265.038
379	S	149.4146	-1.1787	-66.06	-8.81	4.99	5.27				
380	P	149.5250	-3.0462	46.48	-35.63	5.52	5.73	13.906	14.924	14.947	299.523
380	S	149.5214	-3.0441	45.07	-33.36	6.99	6.04				
381	P	149.6013	-2.0068	-51.34	-0.46	5.62	6.38	12.771	13.946	4.170	5.496
381	S	149.6014	-2.0056	-51.11	3.03	5.62	6.38				
382	P	149.6390	7.6036	-68.91	-27.83	5.67	5.68	12.557	16.136	3.596	58.155
382	S	149.6399	7.6042	-61.36	-24.71	5.73	5.99				
383	P	149.6676	6.3590	-26.14	-49.86	7.65	6.74	13.243	13.452	10.113	197.585
383	S	149.6667	6.3563	-26.61	-47.64	7.96	6.37				
384	P	149.7961	9.0277	-58.31	-19.02	7.24	6.30	14.345	15.137	17.220	90.671
384	S	149.8010	9.0276	-57.37	-18.82	7.25	6.31				
385	P	149.8264	9.7823	-60.09	-26.25	5.36	4.35	13.08	14.368	2.134	294.833

385	S	149.8259	9.7825	-59.6	-27.97	5.37	4.36				
386	P	149.8385	-0.2704	-30.88	-40.55	5.92	5.11	15.209	15.298	2.513	341.799
386	S	149.8383	-0.2697	-31.99	-40.52	5.92	5.11				
387	P	149.8613	0.0102	22.59	-31.78	6.10	3.68	12.885	14.275	11.138	179.833
387	S	149.8613	0.0071	20.87	-28.21	4.73	4.08				
388	P	149.9858	3.1364	-199.18	-58.38	7.89	7.86	14.224	15.275	2.473	201.756
388	S	149.9855	3.1358	-198.87	-59.68	7.90	7.88				
389	P	150.1059	-1.9001	-63.34	-0.36	6.48	5.82	13.279	13.315	1.083	30.558
389	S	150.1061	-1.8998	-68.87	-6.19	6.48	5.82				
390	P	150.1314	2.6962	-1.33	-52.5	6.91	6.53	14.052	15.019	11.484	321.545
390	S	150.1294	2.6987	-1.67	-47.62	6.92	6.54				
391	P	150.1827	0.6128	-30.65	-26.03	5.70	3.44	16.233	16.714	17.385	8.346
391	S	150.1834	0.6176	-31.04	-29.41	5.48	3.97				
392	P	150.2588	6.7600	-33.52	-21.96	5.80	4.02	13.189	15.233	2.583	16.483
392	S	150.2590	6.7607	-33.41	-19.92	5.75	4.48				
393	P	150.3085	8.0084	-18.2	-39.31	4.23	4.65	15.437	15.826	7.120	178.422
393	S	150.3085	8.0064	-19	-40.21	4.31	4.73				
394	P	150.4025	1.9319	-63.63	-47.84	6.24	6.90	12.98	13.387	4.036	180.766
394	S	150.4025	1.9307	-60.02	-49.36	6.02	7.04				
395	P	150.4882	0.4274	49.2	-62.63	6.06	5.54	13.206	17.537	3.184	200.586
395	S	150.4879	0.4266	49.96	-63.02	6.41	5.93				
396	P	150.5366	-0.7050	-38.72	-15.28	3.73	4.22	13.837	14.97	6.747	105.854
396	S	150.5384	-0.7055	-39.79	-14.85	3.74	4.23				
397	P	150.7778	8.9631	-52.47	-4.32	6.47	5.85	13.438	14.169	2.588	333.998
397	S	150.7774	8.9637	-55.11	-3.48	6.47	5.86				
398	P	150.8361	4.8602	-46.92	-7.17	7.77	4.64	14.349	15.777	2.094	145.097
398	S	150.8364	4.8597	-46.45	-10.91	7.84	4.75				
399	P	151.0187	1.4372	-46.87	-10.83	5.98	6.01	13.563	15.1	24.197	62.707
399	S	151.0246	1.4403	-56.03	-10.14	5.76	6.06				
400	P	151.1339	-2.7950	13.74	-61.19	6.81	6.33	14.235	15.003	3.079	6.303
400	S	151.1339	-2.7941	13.43	-60.27	6.83	6.34				
401	P	151.3058	-2.7273	-48.58	8.52	5.48	6.24	15.043	16.699	3.702	112.951
401	S	151.3067	-2.7277	-46.98	10.08	5.70	6.44				
402	P	151.4033	2.2815	-40.32	-34.86	6.04	7.06	13.772	14.466	17.273	255.133
402	S	151.3987	2.2803	-38.98	-35.04	6.05	7.07				
403	P	151.4561	5.1761	-23.77	-54.54	7.85	8.07	16.103	17.558	2.293	272.070
403	S	151.4555	5.1761	-22.03	-63.96	9.14	9.30				
404	P	151.4879	10.8665	-62.66	53.18	6.74	7.19	13.309	13.897	6.270	334.050
404	S	151.4871	10.8681	-61.88	53.72	6.74	7.19				
405	P	151.5929	7.5385	25.44	-29.38	3.31	5.39	12.741	15.689	24.782	18.349
405	S	151.5951	7.5450	19.83	-28.02	3.53	5.65				
406	P	151.5962	7.2034	35.75	-70.67	8.35	8.08	15.822	17.34	18.499	175.382
406	S	151.5966	7.1983	30.04	-66.96	8.76	8.49				
407	P	151.6283	10.0123	-67.65	-1.75	7.07	7.19	13.175	15.855	5.204	134.939
407	S	151.6294	10.0112	-67.93	-1.8	7.12	7.24				
408	P	151.6853	-2.0819	-52.07	-2.18	5.94	5.46	14.901	15.189	2.459	33.882
408	S	151.6857	-2.0813	-50.47	-3.78	6.05	5.36				
409	P	151.7925	4.9445	23.58	-51.65	8.41	4.93	16.784	16.999	4.257	211.151
409	S	151.7919	4.9435	22.16	-45.45	8.53	5.13				
410	P	151.8049	-0.6161	-56.32	18.12	5.47	5.11	14.849	16.167	3.654	200.469
410	S	151.8045	-0.6170	-57.74	17.99	5.54	5.18				
411	P	151.8536	6.4668	-73.11	46.24	8.08	7.69	12.871	15.029	7.051	65.249
411	S	151.8554	6.4676	-70.77	47.28	8.12	7.72				
412	P	151.8996	-1.9637	-27.86	36.63	3.34	4.23	14.221	15.166	2.205	325.859
412	S	151.8993	-1.9632	-24.81	35.5	3.35	4.24				
413	P	151.9238	-2.0293	-26.55	-4.41	3.12	3.82	16.237	16.307	18.045	263.884
413	S	151.9188	-2.0298	-28.14	0.08	3.21	3.26				

414	P	151.9606	1.7860	-66.6	3.45	7.90	5.27	13.914	14.748	8.163	133.120
414	S	151.9623	1.7844	-63.86	4.29	7.79	5.19				
415	P	151.9851	0.3790	19.68	-47.05	6.74	6.55	13.831	15.579	2.331	183.808
415	S	151.9850	0.3783	21.79	-46.04	6.71	6.56				
416	P	151.9980	-0.4977	-20.12	-22.77	2.57	2.78	13.558	17.202	7.809	158.842
416	S	151.9988	-0.4997	-24.27	-22.58	3.93	4.07				
417	P	152.0796	-0.8235	38.3	-75.09	6.54	6.29	13.788	14.523	3.688	135.438
417	S	152.0803	-0.8242	39.63	-74.25	6.54	6.29				
418	P	152.0937	0.9550	-67.42	-28.63	6.62	5.85	13.888	15.247	18.733	140.290
418	S	152.0971	0.9510	-69.28	-29.12	6.63	5.86				
419	P	152.1184	8.6934	-54.89	-82.61	7.73	7.02	14.081	17.376	6.289	57.409
419	S	152.1199	8.6944	-39.44	-76.12	8.18	7.73				
420	P	152.1427	0.1880	-27.5	15.23	3.44	3.33	12.934	16.42	28.470	110.202
420	S	152.1501	0.1853	-25.07	11.54	3.76	3.63				
421	P	152.2004	10.6542	-41.49	-15.05	3.96	6.86	14.214	15.909	2.087	114.895
421	S	152.2009	10.6539	-40.53	-13.74	4.11	6.96				
422	P	152.2810	-1.6577	-69.74	-22.6	6.25	5.07	12.364	16.197	8.090	166.495
422	S	152.2815	-1.6599	-71.39	-20.46	6.30	5.12				
423	P	152.3195	11.3647	-3.12	-60.46	7.99	7.95	14.024	14.715	16.522	63.818
423	S	152.3237	11.3667	-3.37	-60.26	7.99	7.96				
424	P	152.3399	11.4506	46.69	-121.25	6.88	7.80	13.535	14.444	4.663	320.256
424	S	152.3391	11.4516	40.49	-120.45	8.09	5.35				
425	P	152.5599	1.3478	-34.83	-12.08	4.27	4.79	12.116	15.128	2.816	277.418
425	S	152.5591	1.3479	-29.19	-16.43	4.32	4.83				
426	P	152.5777	1.1222	-110.19	37.53	4.26	6.23	13.945	14.788	8.636	113.877
426	S	152.5799	1.1213	-109.98	36.95	4.36	6.35				
427	P	152.6330	7.8943	-46.17	-7.92	5.55	4.78	13.407	13.442	1.886	121.280
427	S	152.6335	7.8940	-46.11	-8.29	5.55	4.78				
428	P	152.7888	8.9205	-22.83	-39.41	5.99	3.80	13.544	13.857	19.493	0.983
428	S	152.7889	8.9259	-23.37	-39.68	5.99	3.80				
429	P	152.8983	9.7906	-49.01	27.93	5.78	4.88	14.833	14.841	3.554	77.720
429	S	152.8993	9.7908	-47.47	28.02	5.78	4.88				
430	P	152.9491	-1.6268	-73.81	-9.12	6.31	3.85	13.568	14.26	2.648	182.414
430	S	152.9491	-1.6275	-75.34	-8.61	6.08	4.48				
431	P	153.0783	-1.1764	17.39	-44.45	5.87	3.66	14.891	15.124	5.121	206.056
431	S	153.0776	-1.1777	17.53	-43.02	5.87	3.67				
432	P	153.0953	-2.2887	-53.11	-29.78	6.58	6.74	13.89	15.391	19.224	143.058
432	S	153.0985	-2.2930	-53.73	-29.89	6.59	6.76				
433	P	153.1566	-2.9101	-37.61	-16.19	4.19	5.72	14.487	14.884	23.899	53.034
433	S	153.1619	-2.9062	-46.42	-22.24	4.89	5.64				
434	P	153.2357	-1.7779	-38.12	-8.77	2.79	3.56	14.165	15.555	28.393	197.928
434	S	153.2333	-1.7854	-32.26	-6.18	4.26	3.51				
435	P	153.2977	-1.1493	-186.46	49.83	10.08	7.75	13.916	14.317	7.312	251.633
435	S	153.2958	-1.1500	-188.88	49.07	9.27	7.87				
436	P	153.3086	7.0741	-44.7	-20.27	6.76	6.26	13.067	14.208	6.193	340.838
436	S	153.3080	7.0757	-45.89	-18.72	6.77	6.27				
437	P	153.3264	-1.0550	-81.94	-200.87	9.94	8.45	14.417	16.094	13.163	297.865
437	S	153.3232	-1.0533	-81.23	-194.78	9.98	8.50				
438	P	153.4803	-2.0252	-60.77	-1.25	3.35	5.03	13.5	16.554	4.177	42.608
438	S	153.4811	-2.0244	-57.13	0.19	3.57	5.18				
439	P	153.5069	3.0971	109.86	-99.53	9.88	10.62	16.809	16.852	26.508	277.562
439	S	153.4996	3.0981	102.01	-88.3	9.54	10.61				
440	P	153.5335	6.6892	-104.7	17.3	7.77	6.78	12.594	13.882	3.002	169.568
440	S	153.5336	6.6884	-101.99	15.73	7.78	6.79				
441	P	153.6858	1.9972	30.28	-7.11	3.38	4.95	13.666	14.914	3.292	240.955
441	S	153.6850	1.9968	30.2	-7.98	3.39	4.96				
442	P	153.7941	0.7355	-44.09	31.25	5.93	7.54	14.092	15.104	2.477	279.367

442	S	153.7934	0.7356	-40.89	29.37	5.94	7.55			
443	P	153.8493	1.3229	52.75	-43.57	5.46	5.12	12.516	13.952	7.790	181.536
443	S	153.8493	1.3207	54.53	-40.38	4.84	4.39			
444	P	153.9151	-2.8113	-34.17	-17.21	5.75	5.04	13.86	16.094	11.526	304.491
444	S	153.9125	-2.8095	-36.85	-16.56	5.80	5.09			
445	P	153.9910	11.3785	4.84	-69.16	7.35	6.49	14.375	15.106	9.614	211.911
445	S	153.9896	11.3763	3.74	-69.81	7.37	6.51			
446	P	154.2603	1.8904	42.08	-13.98	5.83	5.24	14.094	14.769	5.803	108.781
446	S	154.2618	1.8898	42.32	-13.83	5.84	5.24			
447	P	154.2730	-1.8235	12.26	-46.76	5.56	3.43	14.679	15.893	5.330	220.495
447	S	154.2720	-1.8247	11.64	-45.23	5.65	3.49			
448	P	154.3496	12.6483	18.19	-48.14	7.58	5.56	14.311	14.433	12.097	108.173
448	S	154.3528	12.6473	21.28	-47.38	7.59	5.56			
449	P	154.4261	-1.9612	10.18	-43.99	6.32	5.59	15.031	15.197	6.177	300.389
449	S	154.4246	-1.9604	10.12	-43.95	6.32	5.59			
450	P	154.6206	0.0318	34.93	-53.46	6.20	5.34	15.836	16.866	2.886	251.678
450	S	154.6198	0.0315	32.56	-52.85	6.32	5.47			
451	P	154.8633	7.5682	-67.34	-2.69	5.06	4.27	14.457	14.651	3.189	208.692
451	S	154.8629	7.5675	-67.05	-2.72	5.06	4.28			
452	P	154.9208	0.6106	-29.73	-36.97	4.08	3.54	15.591	18.087	2.515	78.689
452	S	154.9215	0.6107	-36.85	-37.31	6.01	5.61			
453	P	154.9489	-0.3696	-48.67	3.27	6.90	6.57	14.828	17.211	27.839	270.971
453	S	154.9411	-0.3694	-59.17	-0.56	7.11	6.79			
454	P	154.9573	1.7998	-30.56	-40.11	6.27	5.79	13.8	16.25	26.095	273.179
454	S	154.9500	1.8002	-30.4	-40.14	6.36	5.89			
455	P	155.0045	0.2780	-7.57	40.68	5.72	5.67	14.839	15.063	2.472	239.737
455	S	155.0039	0.2776	-9.08	39.6	5.72	5.68			
456	P	155.0157	0.5980	-19.47	34.64	5.41	4.01	13.675	13.79	9.252	81.497
456	S	155.0182	0.5984	-18	36.16	5.72	5.30			
457	P	155.3102	-1.6975	48.21	-28.75	7.56	7.56	13.653	15.186	3.505	292.018
457	S	155.3093	-1.6972	49.72	-27.6	7.60	7.61			
458	P	155.3135	0.6121	32.92	-46.64	7.13	6.43	13.12	17.095	22.831	354.245
458	S	155.3129	0.6184	32.23	-47.71	7.55	6.90			
459	P	155.8659	-0.8515	42.44	-36.43	7.20	7.37	16.347	16.929	4.390	51.623
459	S	155.8668	-0.8507	39.61	-37.92	7.13	6.93			
460	P	155.9519	-0.9974	-34.81	-61.72	4.98	8.43	17.13	17.704	20.702	194.716
460	S	155.9505	-1.0030	-37.14	-61.41	5.67	10.57			
461	P	157.3998	3.4685	-155.58	8.69	7.71	6.69	13.323	14.59	4.583	40.779
461	S	157.4007	3.4695	-157.56	7.96	7.72	6.70			
462	P	159.6604	3.8810	-30.94	-78.18	7.41	9.12	12.599	14.786	4.532	153.041
462	S	159.6610	3.8799	-32.46	-83.98	7.44	9.14			
463	P	163.0081	8.9144	-82.95	2.6	10.02	5.99	14.12	15.653	9.290	109.585
463	S	163.0106	8.9135	-86.62	-2.83	10.41	6.33			
464	P	163.7497	9.2297	-83.86	-13.84	7.35	10.26	13.423	15.453	6.773	261.657
464	S	163.7478	9.2295	-84.06	-12.87	7.79	10.17			
465	P	163.8714	-1.7223	-29.88	-48.13	9.49	3.91	16.24	16.892	26.834	152.009
465	S	163.8749	-1.7289	-29.47	-47.7	9.77	4.56			
466	P	163.9244	-1.2560	-31.01	-49.43	6.61	9.39	13.395	15.447	2.259	340.645
466	S	163.9242	-1.2554	-27.99	-51.02	6.67	9.44			
467	P	163.9586	-1.8358	-170.02	-61.29	5.45	5.09	13.575	15.199	7.186	268.134
467	S	163.9566	-1.8359	-166.11	-59.01	5.87	5.87			
468	P	164.0410	7.8547	-79.6	-12.91	7.94	8.40	13.498	14.849	3.621	262.172
468	S	164.0400	7.8546	-79.23	-11.76	7.91	7.27			
469	P	164.7304	8.1718	46.02	-114.6	10.48	11.01	13.41	16.016	19.638	201.682
469	S	164.7284	8.1668	46.27	-114.62	10.62	11.14			
470	P	164.9561	9.0178	-69.02	-40.79	10.77	9.34	13.508	15.602	4.299	133.164
470	S	164.9570	9.0170	-76.01	-40.37	10.85	9.43			

471	P	166.0033	-1.3614	66.77	-53.12	7.98	7.75	12.277	15.281	8.024	48.975
471	S	166.0050	-1.3599	63.4	-55.35	8.02	7.80				
472	P	166.9934	-1.1606	51.37	-52.74	7.48	5.58	12.643	15.602	5.501	165.021
472	S	166.9938	-1.1621	54.84	-53.01	7.56	5.68				
473	P	167.5865	-1.2279	-66.71	-25.61	7.24	7.44	15.02	15.629	8.654	247.911
473	S	167.5842	-1.2288	-66.11	-26.61	7.09	7.48				
474	P	167.8350	-0.1430	-43.81	-0.76	6.37	5.15	14.904	15.907	29.770	22.735
474	S	167.8382	-0.1353	-44.43	-1.88	5.87	5.27				
475	P	168.0799	-1.2093	-69.97	-20.59	8.44	8.66	13.171	13.502	6.747	347.116
475	S	168.0794	-1.2074	-69.22	-19.97	8.44	8.66				
476	P	168.1203	1.5874	-89.22	-31.42	6.51	7.27	13.437	14.257	4.410	263.626
476	S	168.1191	1.5872	-88.66	-30.19	6.15	6.03				
477	P	168.9644	-1.7593	29.34	-39.11	6.49	6.91	15.489	15.67	3.334	106.819
477	S	168.9652	-1.7596	27.89	-38.6	6.52	6.94				
478	P	169.0673	0.6370	-62.6	-13.14	8.45	7.00	12.624	12.789	3.688	10.860
478	S	169.0675	0.6380	-61.67	-11.91	8.45	7.00				
479	P	169.4946	-1.0282	-50.11	-8.31	6.72	5.38	14.944	15.161	7.452	296.358
479	S	169.4928	-1.0273	-51.37	-8.47	6.51	5.44				
480	P	169.7164	-1.1712	-18.32	-105.66	10.77	10.90	16.736	17.809	10.596	47.458
480	S	169.7186	-1.1693	-26.72	-117.29	12.08	12.14				
481	P	169.9489	-1.4053	-110.5	-196.65	6.62	6.55	14.019	15.135	5.999	7.029
481	S	169.9491	-1.4037	-108.56	-196.96	6.65	6.57				
482	P	170.0985	0.5136	27.67	-32.42	6.91	4.14	14.272	15.887	2.797	109.392
482	S	170.0993	0.5133	28.1	-31.82	6.97	4.22				
483	P	170.2058	0.1934	-52.49	-79.43	5.46	6.14	13.984	15.844	3.403	3.092
483	S	170.2059	0.1944	-53.44	-79.66	5.56	6.23				
484	P	170.4540	0.4610	-17.71	-84.25	9.52	7.84	12.872	13.431	2.351	235.165
484	S	170.4534	0.4606	-20.52	-84.39	9.52	7.84				
485	P	170.5244	1.4678	-94.78	64.22	7.86	7.89	12.921	13.448	9.622	34.751
485	S	170.5259	1.4700	-94.44	64.34	7.75	7.94				
486	P	170.9007	-1.4367	-101.17	-46.73	9.12	8.64	12.512	14.624	2.357	152.151
486	S	170.9010	-1.4373	-101.46	-49.58	9.13	8.65				
487	P	171.2204	-0.3738	-61.45	-1	8.25	7.35	13.304	13.962	5.796	123.730
487	S	171.2217	-0.3747	-62.34	-0.91	8.26	7.36				
488	P	172.1622	0.1240	-58.13	13.16	5.36	8.59	12.702	13.997	19.762	79.812
488	S	172.1676	0.1250	-55.95	12.44	5.37	8.60				
489	P	172.6185	0.5563	33.81	-85.79	5.98	6.34	15.113	18.343	10.927	114.236
489	S	172.6213	0.5551	19.06	-88.34	10.51	10.85				
490	P	172.7493	-0.1031	-49.5	-13.9	5.04	7.66	13.965	14.227	29.307	111.488
490	S	172.7569	-0.1061	-51.21	-8.28	4.94	8.32				
491	P	172.9343	1.6202	-38.61	-24.6	5.22	7.28	13.639	15.832	6.682	82.539
491	S	172.9361	1.6204	-37.35	-24.34	5.09	6.10				
492	P	173.4807	2.5505	-41.48	-11.64	6.37	4.79	16.299	16.4	6.740	65.178
492	S	173.4824	2.5513	-52.55	-3.84	6.26	3.49				
493	P	173.6790	-0.3578	-79.66	-29.56	6.82	8.71	12.762	13.022	21.664	355.473
493	S	173.6785	-0.3518	-80.8	-30.35	6.82	8.71				
494	P	173.8035	2.4262	-86.35	20.2	9.10	6.78	13.58	13.726	2.316	6.688
494	S	173.8036	2.4269	-87.73	19.7	9.10	6.78				
495	P	173.9206	-0.5251	-24.01	-45.78	6.99	5.21	14.614	14.972	2.905	61.910
495	S	173.9213	-0.5247	-25.75	-47.53	7.07	5.35				
496	P	174.7519	4.1060	-85.44	42.9	7.32	10.80	12.338	12.451	10.854	0.284
496	S	174.7519	4.1090	-83.16	42.92	7.32	10.81				
497	P	174.9757	3.9313	-70.18	-17.68	7.58	7.41	13.627	14.573	2.179	155.771
497	S	174.9759	3.9307	-66.68	-18.62	7.59	7.42				
498	P	175.3964	-0.9931	-67.63	0.3	7.79	8.41	13.778	15.841	13.652	265.463
498	S	175.3926	-0.9934	-70.05	0.33	8.19	8.77				
499	P	175.6115	2.8884	-58.08	-16.12	9.16	7.82	14.019	15.926	4.792	238.628

499	S	175.6103	2.8878	-58.19	-19.93	9.22	7.90			
500	P	176.0039	0.5768	-50.13	-25.02	6.19	7.93	13.889	14.501	2.329	198.658
500	S	176.0036	0.5762	-53.73	-28.04	6.20	7.94			
501	P	176.0067	3.4622	21.83	-52.51	5.99	6.27	14.772	14.87	7.592	55.448
501	S	176.0084	3.4634	23.82	-55.12	5.80	6.39			
502	P	176.0243	1.1830	-54.09	-15.34	7.80	6.47	12.531	14.187	4.843	5.544
502	S	176.0245	1.1843	-54.09	-15.55	7.81	6.48			
503	P	176.5389	1.2029	-51.64	-30.76	7.54	7.52	12.284	14.577	3.505	162.369
503	S	176.5392	1.2020	-53.8	-30.59	7.56	7.54			
504	P	176.7843	4.7607	-63.98	-24.22	10.39	8.17	14.52	15.244	4.159	209.562
504	S	176.7837	4.7597	-63.6	-25.33	10.44	8.24			
505	P	176.8644	1.5527	-82.28	18.16	7.07	5.89	14.295	17.35	4.905	25.372
505	S	176.8650	1.5539	-84.9	11.64	7.84	6.77			
506	P	176.9081	2.6355	-48.59	-58.22	8.91	8.45	13.081	15.727	29.150	144.769
506	S	176.9127	2.6289	-40.54	-48.4	8.97	8.51			
507	P	176.9696	5.0659	-98.22	23.4	10.02	8.60	13.354	13.439	6.648	292.714
507	S	176.9679	5.0666	-97.83	20.38	10.02	8.60			
508	P	177.2145	0.3011	-182	-19.24	6.27	6.72	13.416	15.079	4.559	155.257
508	S	177.2150	0.2999	-182.01	-19.33	6.32	6.76			
509	P	177.3112	3.7999	-62.5	5.82	6.24	7.62	13.329	14.8	3.212	200.972
509	S	177.3109	3.7991	-61.67	6.59	6.27	7.64			
510	P	177.7026	9.5690	6.7	-51.31	6.92	7.06	15.357	15.483	3.908	213.900
510	S	177.7020	9.5681	4.64	-51.62	6.93	7.07			
511	P	177.7789	2.8718	-50.22	-23.63	6.73	6.81	15.318	17.289	5.714	66.733
511	S	177.7804	2.8724	-45.37	-28.95	7.37	7.45			
512	P	177.9212	4.4911	-47.94	-15.85	7.67	4.60	14.942	15.765	11.468	263.203
512	S	177.9180	4.4907	-51.91	-13.95	7.75	4.74			
513	P	178.4317	9.4288	-49.93	-0.75	7.07	6.29	13.841	16.076	2.902	80.142
513	S	178.4325	9.4289	-53.67	-3.01	7.15	6.38			
514	P	178.6902	0.9772	-97.28	-15.65	8.98	7.28	14.847	15.63	6.035	256.899
514	S	178.6886	0.9768	-98.57	-17.33	9.00	7.30			
515	P	178.8860	9.4966	-41.67	15.2	4.64	5.11	13.456	13.947	2.227	313.639
515	S	178.8855	9.4971	-39.28	15.08	4.64	5.12			
516	P	179.6066	-1.3830	-200.64	-73.89	8.24	6.91	12.953	16.636	26.716	300.075
516	S	179.6002	-1.3793	-208.47	-74.84	10.26	7.16			
517	P	179.6064	6.1543	-62.45	-39.6	6.71	5.01	13.14	13.961	2.490	236.478
517	S	179.6059	6.1539	-60.46	-40.82	6.72	5.02			
518	P	179.6310	1.2780	-54.63	25.21	7.15	5.15	13.267	13.323	1.052	160.825
518	S	179.6311	1.2777	-53.36	30.83	7.15	5.16			
519	P	179.6369	13.2395	-39.59	-35.01	5.50	7.71	15.446	15.907	18.213	322.096
519	S	179.6337	13.2435	-42.41	-38.84	5.46	7.61			
520	P	179.7369	6.1969	-69.24	3.83	7.53	4.53	12.977	15.34	9.164	247.698
520	S	179.7345	6.1959	-68.12	2.7	6.67	4.47			
521	P	179.8152	12.6582	-2.1	-52.13	6.78	6.68	14.633	17.195	10.942	115.782
521	S	179.8180	12.6569	-4.85	-54.45	7.55	7.45			
522	P	179.9506	7.1164	-159.89	100.91	11.88	10.00	15.296	17.519	11.104	25.538
522	S	179.9520	7.1192	-159.48	101.9	12.23	10.42			
523	P	179.9676	11.7483	83.35	-35.29	7.80	6.87	12.576	14.71	2.711	136.139
523	S	179.9681	11.7477	90.97	-34.67	7.83	6.74			
524	P	180.0686	6.2962	88.25	-56.16	6.75	6.27	12.907	13.564	19.124	121.353
524	S	180.0731	6.2934	87.89	-54.84	6.75	6.27			
525	P	180.0885	9.1590	-95.98	-7.69	6.35	6.53	13.458	16.064	9.934	157.582
525	S	180.0896	9.1564	-95.66	-3.89	6.39	6.56			
526	P	180.1030	2.1474	-59.8	-8.84	7.60	4.47	13.734	16.163	2.735	345.918
526	S	180.1028	2.1481	-56.92	-5.34	7.90	4.99			
527	P	180.1155	12.1311	-52.34	-100.22	7.64	10.13	13.472	13.504	4.974	334.787
527	S	180.1149	12.1323	-50.67	-99.32	7.64	10.13			

528	P	180.1620	-0.3833	-122.2	38.91	9.23	8.26	13.334	13.997	4.071	218.897
528	S	180.1613	-0.3842	-121.91	40.35	9.24	8.27				
529	P	180.2558	9.0859	-45.7	-19.27	3.77	3.76	13.509	15.886	22.382	130.928
529	S	180.2605	9.0818	-43.43	-18.06	3.59	7.22				
530	P	180.3166	6.6382	-66.91	-19.9	4.67	7.31	14.975	15.473	3.498	91.179
530	S	180.3175	6.6382	-66.93	-20.19	4.69	7.32				
531	P	180.5163	0.7778	-38.43	-19.28	3.62	6.64	15.293	15.714	2.118	164.123
531	S	180.5165	0.7772	-41.58	-21.39	3.53	6.04				
532	P	180.5277	-1.1345	-62.33	14.37	8.86	7.19	16.267	16.754	2.094	155.202
532	S	180.5280	-1.1351	-61.8	9.05	9.13	7.49				
533	P	180.6139	4.5002	-50.2	23.57	6.38	6.41	13.603	15.255	2.107	341.834
533	S	180.6137	4.5007	-46.78	26.75	7.71	6.41				
534	P	180.8183	0.2280	-45.6	3.92	7.57	5.07	15.672	15.876	13.657	56.678
534	S	180.8215	0.2300	-52.68	6.38	7.59	5.09				
535	P	181.1344	4.7546	67.41	-40.6	7.39	5.11	14.102	14.435	20.974	354.887
535	S	181.1338	4.7605	67.3	-39.77	7.44	4.92				
536	P	181.1682	7.7161	-49.94	-47.51	7.59	10.36	12.998	14.911	12.313	255.869
536	S	181.1649	7.7153	-50.02	-47.21	7.40	10.48				
537	P	181.2582	11.3110	-60.71	-35.17	7.71	8.68	16.587	17.243	13.660	25.633
537	S	181.2599	11.3144	-61.99	-43.57	8.27	9.17				
538	P	181.2794	8.6673	-65.8	11.41	7.47	6.54	13.945	14.02	6.351	77.926
538	S	181.2812	8.6677	-64.98	11.58	7.47	6.54				
539	P	181.2985	2.1996	18.48	-63.43	8.73	7.19	12.851	13.695	14.489	353.528
539	S	181.2981	2.2036	16.49	-61.38	8.74	7.20				
540	P	181.3842	9.7484	-50.34	-18.15	6.77	5.84	15.312	16.868	2.267	263.528
540	S	181.3835	9.7483	-50.67	-14.74	6.98	6.07				
541	P	181.4071	0.9632	-104.03	44.87	8.81	6.99	14.297	15.787	4.430	79.985
541	S	181.4083	0.9634	-102.26	47.02	8.49	6.67				
542	P	181.4136	4.5197	9.78	-130.99	7.30	5.93	14.37	15.262	6.569	77.627
542	S	181.4153	4.5201	9.97	-131.36	7.31	5.95				
543	P	181.4969	7.1381	-55.18	29.52	9.05	7.83	12.534	17.192	13.042	231.869
543	S	181.4940	7.1359	-65.57	20.04	7.06	6.27				
544	P	181.7028	10.0510	3.31	-61.26	9.52	7.72	15.718	16.847	25.409	299.691
544	S	181.6966	10.0545	-1.18	-59.99	10.02	6.54				
545	P	181.7323	9.3025	-90.1	-60.05	5.83	5.95	15.658	16.109	13.009	148.559
545	S	181.7342	9.2994	-91.22	-60.64	5.86	6.14				
546	P	181.7552	14.8183	-56.37	-31.9	8.36	7.73	13.164	16.02	2.776	16.084
546	S	181.7554	14.8190	-57.51	-32.62	8.40	7.77				
547	P	181.8082	4.9419	-46.19	-48.41	7.11	7.02	15.22	15.511	10.479	94.690
547	S	181.8112	4.9416	-46.83	-49.31	7.12	7.03				
548	P	181.9756	10.8619	-63.48	-27.77	5.16	5.72	14.925	15.61	11.262	70.738
548	S	181.9786	10.8629	-60.71	-26.86	8.25	7.42				
549	P	181.9937	13.5179	-38.91	-9.64	5.72	5.40	14.775	15.465	2.732	283.798
549	S	181.9930	13.5181	-39.56	-10.32	5.74	5.42				
550	P	182.0217	4.8511	-47.29	32.01	3.90	2.93	14.711	16.257	17.850	346.934
550	S	182.0206	4.8560	-41.33	33.4	4.78	5.76				
551	P	182.0701	8.7577	-121.54	-68.01	7.49	9.23	13.945	16.746	24.232	308.444
551	S	182.0648	8.7619	-122.89	-65.69	7.75	9.43				
552	P	182.0691	9.4645	-58.89	-22.56	5.73	6.00	14.87	17.137	8.000	269.923
552	S	182.0669	9.4645	-58.27	-27.31	6.05	6.31				
553	P	182.1099	9.0335	-29.58	-20.27	5.17	4.92	15.179	16.482	22.484	211.327
553	S	182.1066	9.0282	-36.5	-28.33	5.25	5.06				
554	P	182.2479	3.9485	0.68	-55.07	7.68	6.82	14.111	14.87	18.516	193.975
554	S	182.2466	3.9435	-5.89	-57.41	7.68	6.82				
555	P	182.3382	6.6544	-94.17	4.64	10.21	11.46	12.188	13.909	8.539	74.396
555	S	182.3405	6.6551	-85.61	11.31	10.22	11.47				
556	P	182.3716	-1.4679	-30.42	43.01	7.10	6.95	17.285	17.965	26.207	32.335

556	S	182.3755	-1.4618	-35.32	53.65	8.48	8.42			
557	P	182.4647	-0.3008	-76.19	17.99	5.41	7.81	12.93	16.352	17.860	205.604
557	S	182.4626	-0.3053	-75.18	21.67	5.85	7.14			
558	P	182.5436	13.8094	-42.6	-65.39	9.14	7.26	14.249	17.424	19.560	193.004
558	S	182.5424	13.8041	-44.99	-69.33	9.75	8.02			
559	P	182.5690	4.4047	-29.63	-23.65	5.31	4.66	14.453	15.753	2.701	273.592
559	S	182.5682	4.4047	-33.37	-25.3	5.34	4.70			
560	P	182.5885	10.4284	-105.98	45.68	7.92	6.96	13.46	14.3	2.222	40.419
560	S	182.5889	10.4289	-108.75	49.89	7.93	6.98			
561	P	182.6877	7.4577	-54.35	1.77	6.80	6.94	15.327	15.987	3.861	262.391
561	S	182.6866	7.4576	-54.7	0.26	6.82	6.95			
562	P	182.6907	-0.7426	-37.47	27.44	5.13	5.26	15.166	17.177	3.428	190.896
562	S	182.6905	-0.7435	-41.98	24.76	6.22	6.31			
563	P	182.7088	9.0067	-80.38	-55.52	7.72	8.62	16.765	17.648	6.491	9.363
563	S	182.7091	9.0085	-82.67	-42.46	8.50	9.34			
564	P	182.7321	-0.2857	-43.54	-64.79	8.48	7.32	14.023	17.047	13.937	142.441
564	S	182.7345	-0.2888	-49.16	-65.59	9.60	6.83			
565	P	182.9662	-1.5223	-65.27	-10.51	7.86	7.55	12.405	12.504	1.699	289.554
565	S	182.9658	-1.5222	-66.95	-7.2	7.86	7.55			
566	P	183.0900	8.7254	-69.66	22.58	7.48	6.61	12.802	13.222	24.879	263.586
566	S	183.0831	8.7246	-64.35	15.25	6.07	5.74			
567	P	183.3151	3.9796	-53.33	5.21	5.03	6.83	13.673	15.036	5.010	133.848
567	S	183.3161	3.9786	-53.77	6.45	5.15	7.00			
568	P	183.4967	2.3617	-50.25	39.41	8.09	7.50	12.82	14.416	2.345	269.912
568	S	183.4961	2.3617	-48.64	40.32	8.10	7.51			
569	P	183.5453	14.7597	12.53	-80.17	8.17	6.91	12.401	17.654	9.258	319.246
569	S	183.5436	14.7616	7.98	-71.38	8.95	7.80			
570	P	183.6046	8.9511	-38.73	-12.98	6.10	5.38	14.216	15.643	4.748	168.201
570	S	183.6049	8.9499	-38.64	-13.02	6.11	5.40			
571	P	183.6486	7.4007	10.96	-63.33	6.26	4.50	12.772	16.756	4.830	331.482
571	S	183.6479	7.4019	12.71	-66.6	6.38	4.65			
572	P	183.8772	13.7560	-64.17	-40	9.54	6.26	13.092	13.341	1.888	143.927
572	S	183.8775	13.7556	-66.22	-43.54	9.54	6.26			
573	P	183.9664	4.5698	-60.52	7.34	7.74	7.59	15.917	16.149	7.160	172.338
573	S	183.9667	4.5678	-60.84	10.07	7.76	7.62			
574	P	183.9746	4.0343	-37.04	-7.68	5.56	3.43	15.273	17.792	20.622	13.669
574	S	183.9759	4.0398	-40.15	-2.6	6.36	4.61			
575	P	184.0447	-1.4025	-70.53	-17.28	8.65	6.96	13.526	14.045	5.123	274.554
575	S	184.0432	-1.4024	-70.17	-18.88	8.65	6.96			
576	P	184.1534	-1.2317	-56.23	2.66	6.95	7.68	12.526	13.833	2.835	79.758
576	S	184.1542	-1.2315	-54.77	3.29	6.95	7.81			
577	P	184.1578	12.4809	-90.91	-6.54	7.45	8.11	14.376	16.047	7.090	156.788
577	S	184.1586	12.4791	-90.06	-8.09	7.51	8.17			
578	P	184.2064	8.9685	-80.75	8.95	6.95	6.80	14.627	16.028	2.455	323.468
578	S	184.2060	8.9690	-79.34	6.89	6.97	6.82			
579	P	184.2533	-1.6209	-58.08	-22.96	8.25	7.67	14.819	15.414	8.865	6.011
579	S	184.2536	-1.6184	-58.73	-21.68	8.29	7.71			
580	P	184.3311	13.9403	8.29	-87.97	6.73	6.34	13.08	16.379	3.383	278.322
580	S	184.3301	13.9404	10.14	-86.58	6.84	6.45			
581	P	184.3466	6.2538	-4.25	-73.21	6.98	7.06	13.045	13.939	5.407	238.487
581	S	184.3453	6.2530	-2.83	-72.77	6.99	7.07			
582	P	184.4843	4.1774	-56.77	12.99	7.98	5.52	12.263	13.44	16.971	108.323
582	S	184.4888	4.1759	-51.28	22.7	7.99	5.52			
583	P	184.5519	10.6451	-35.62	26.29	5.36	4.15	15.461	17.557	5.905	283.900
583	S	184.5502	10.6455	-31.82	30.76	6.30	5.25			
584	P	184.5897	0.6855	-131.55	1.28	11.30	9.19	12.876	12.911	1.720	168.409
584	S	184.5898	0.6851	-134.79	2.37	11.30	9.19			

585	P	184.5956	9.4104	-21.95	-53.12	8.24	7.82	14.861	15.198	2.897	289.681
585	S	184.5948	9.4107	-23.92	-52.47	8.24	7.83				
586	P	184.8480	11.0714	-27.29	-23.4	4.67	4.17	12.561	15.771	8.711	209.978
586	S	184.8468	11.0693	-28.51	-20.55	4.73	4.24				
587	P	185.0216	9.5781	-33.02	12.33	4.75	4.62	14.381	14.988	6.881	92.879
587	S	185.0235	9.5780	-33.09	10.37	4.76	4.63				
588	P	185.2071	5.8555	31.48	-38.15	5.64	2.77	13.353	14.03	3.074	137.848
588	S	185.2077	5.8549	31.8	-36.87	5.86	2.71				
589	P	185.2557	12.5290	-26.44	-37.54	5.97	6.79	15.041	15.551	4.550	133.188
589	S	185.2566	12.5282	-28.89	-36.21	5.99	6.81				
590	P	185.3261	9.7335	-54.37	4.53	7.11	7.03	13.048	14.063	6.151	154.107
590	S	185.3268	9.7320	-54.61	5.62	7.11	7.04				
591	P	185.4642	9.7215	-46.52	-28.14	6.31	7.34	16.512	16.639	25.811	58.239
591	S	185.4704	9.7252	-46.51	-22.08	6.58	7.80				
592	P	185.6579	9.9981	-38.41	34.34	6.08	5.56	13.319	14.826	5.776	317.819
592	S	185.6568	9.9993	-38.37	34.91	5.89	5.66				
593	P	185.6929	9.1346	-56.86	-15.51	6.10	5.75	13.859	17.52	2.960	71.345
593	S	185.6937	9.1349	-52.22	-12.83	6.51	6.18				
594	P	185.7664	5.8124	-71.55	-16.57	5.90	6.34	14.199	17.517	4.423	329.270
594	S	185.7657	5.8135	-66.98	-20.4	6.39	6.79				
595	P	185.7666	4.6490	0.55	-84.3	9.69	10.09	14.58	17.737	2.865	148.688
595	S	185.7670	4.6484	4.43	-85.5	10.21	10.60				
596	P	185.8610	12.2907	-17.6	-44.87	6.91	5.97	14.024	15.848	23.381	95.797
596	S	185.8676	12.2901	-16.93	-45.02	6.94	6.01				
597	P	185.8651	9.8982	-67.33	-2.73	4.68	5.55	13.54	14.295	7.332	356.561
597	S	185.8650	9.9002	-65.28	-3.06	4.68	5.55				
598	P	185.8959	10.2647	-58.73	-12.52	5.75	4.94	16.89	17.6	14.152	285.431
598	S	185.8921	10.2658	-56.62	-13.67	6.19	5.44				
599	P	186.0038	5.3471	-47.5	-259.13	6.45	5.87	13.008	13.958	2.947	286.828
599	S	186.0030	5.3474	-49.49	-259.38	6.46	5.87				
600	P	186.0992	0.3744	-32.37	-26.18	4.89	5.62	14.654	15.769	9.573	238.814
600	S	186.0969	0.3730	-38.08	-26.28	5.18	5.61				
601	P	186.1191	9.5832	-25.42	-47.49	8.82	3.61	13.306	16.46	3.831	51.875
601	S	186.1200	9.5838	-22.67	-48.66	8.27	3.68				
602	P	186.2583	15.4121	-110.06	19.36	7.79	7.45	12.571	14.599	20.370	92.238
602	S	186.2641	15.4118	-108.79	17.67	7.80	7.47				
603	P	186.4139	8.2384	-44.99	-38.69	7.26	6.74	14.817	15.413	5.373	20.050
603	S	186.4144	8.2398	-45.3	-39.55	7.18	6.86				
604	P	186.4253	-0.1990	-65.3	11.1	6.69	7.45	12.919	14.106	2.315	301.392
604	S	186.4248	-0.1987	-72.04	8.92	6.70	7.47				
605	P	186.4918	11.9567	-140	-35.74	6.53	6.29	14.876	15.009	3.479	259.085
605	S	186.4908	11.9565	-141.21	-36.06	6.54	6.29				
606	P	186.4997	9.6122	-44.83	-45.43	8.12	6.94	14.993	15.872	3.075	91.342
606	S	186.5006	9.6122	-46.19	-48.42	8.15	6.97				
607	P	186.5667	14.4303	-84.48	4.86	6.20	6.25	14.854	17.861	3.676	69.716
607	S	186.5677	14.4307	-89.88	17.55	7.34	7.40				
608	P	186.5716	10.9690	-79.49	-54.06	8.09	6.69	14.091	14.451	8.891	100.192
608	S	186.5741	10.9686	-80.24	-52.94	8.09	6.69				
609	P	186.5926	1.7856	-98.94	-27.3	7.85	7.97	13.695	13.866	3.159	130.856
609	S	186.5933	1.7850	-99.01	-29.68	7.85	7.97				
610	P	186.7890	15.7824	-68.67	30.04	4.94	5.05	12.96	13.35	6.829	74.340
610	S	186.7909	15.7829	-63	25.71	6.53	6.92				
611	P	186.8897	7.5968	-68.95	-37.18	4.32	4.31	14.446	14.635	14.852	165.828
611	S	186.8907	7.5928	-68.87	-38.86	4.33	4.32				
612	P	187.1779	-1.3660	-49.52	-63.27	7.95	5.88	14.85	16.017	3.152	19.754
612	S	187.1782	-1.3651	-51.57	-66.07	8.05	6.01				
613	P	187.2920	11.8829	-24.89	-55.75	5.85	7.02	12.766	13.117	15.216	161.283

613	S	187.2933	11.8789	-24.05	-56.33	7.85	6.63				
614	P	187.3164	7.3824	-41.54	-51.1	3.27	5.25	12.038	17.478	7.345	238.700
614	S	187.3147	7.3813	-46.52	-54.58	4.12	5.86				
615	P	187.3170	4.4430	-58.74	13.51	7.59	6.34	12.549	13.181	2.564	33.766
615	S	187.3174	4.4436	-58.21	13.22	7.59	6.34				
616	P	187.3479	-0.0678	-100.69	16.89	9.23	6.51	16.041	16.071	26.609	191.844
616	S	187.3464	-0.0750	-86.11	11.2	9.75	6.55				
617	P	187.4739	4.1640	6.21	-110.45	8.02	6.91	14.698	15.358	4.116	4.402
617	S	187.4740	4.1651	6.17	-110.65	8.03	6.92				
618	P	187.4811	8.6166	-50.99	-3.06	7.12	5.42	14.565	16.081	9.893	183.135
618	S	187.4810	8.6138	-51.52	-5.11	7.14	5.45				
619	P	187.4990	5.5125	-62.09	-8.61	7.06	7.15	13.905	14.908	16.042	71.119
619	S	187.5033	5.5139	-67.62	4.32	6.95	7.08				
620	P	187.5055	6.2446	-48.54	-24.57	5.23	6.62	14.636	15.847	11.708	343.540
620	S	187.5046	6.2477	-45.63	-27.26	4.47	6.73				
621	P	187.6535	6.8995	-57.9	-61.95	8.50	5.60	14.47	16.131	2.399	191.515
621	S	187.6534	6.8989	-56.89	-60.84	8.54	5.66				
622	P	187.8628	-0.5786	-49.41	-25.96	8.02	5.04	14.626	14.632	10.672	231.586
622	S	187.8605	-0.5805	-50.21	-23.08	6.93	5.16				
623	P	187.8854	14.5348	-50.42	1.87	7.17	5.30	13.493	15.139	2.854	148.242
623	S	187.8859	14.5342	-52.15	1.34	7.18	5.32				
624	P	187.9489	15.8767	-63.98	43.66	6.42	8.36	15.847	16.848	6.488	221.968
624	S	187.9477	15.8754	-63.55	49.59	7.08	8.15				
625	P	188.2566	10.1175	25.65	-39.22	5.50	6.82	15.473	15.829	8.755	131.015
625	S	188.2585	10.1159	26.07	-37.79	5.53	6.84				
626	P	188.4887	6.0051	57.46	-58.5	9.25	6.64	13.245	15.023	17.059	348.057
626	S	188.4877	6.0098	51.88	-55.03	5.86	6.59				
627	P	188.5601	0.4427	-51.94	-33.71	9.18	7.68	15.43	15.955	2.583	334.757
627	S	188.5598	0.4433	-50.58	-35.46	9.31	7.82				
628	P	188.6755	14.5325	-43.84	-39.93	5.31	5.51	14.516	15.638	3.581	191.964
628	S	188.6753	14.5315	-42.41	-41.1	5.35	5.56				
629	P	188.7254	15.6994	-66.11	0.79	9.79	8.52	13.423	15.236	3.953	192.971
629	S	188.7252	15.6983	-67.77	-0.62	9.83	8.57				
630	P	188.8497	11.4975	-53.46	-8.1	8.04	6.22	13.182	14.765	2.784	68.056
630	S	188.8505	11.4977	-54.66	-5.58	8.05	6.23				
631	P	188.9592	3.8596	-51.77	26.61	7.15	7.02	14.837	16.943	8.939	52.749
631	S	188.9612	3.8611	-51.05	26.97	6.53	6.87				
632	P	188.9939	15.4451	-76.22	3.34	5.61	6.04	13.146	17.611	11.941	150.223
632	S	188.9956	15.4422	-84.88	14.7	7.24	7.59				
633	P	189.0839	11.5046	-201.02	-27.95	6.75	6.54	15.164	15.701	8.605	35.457
633	S	189.0854	11.5066	-201.26	-32.48	6.69	6.60				
634	P	189.2766	15.7596	-140.86	-41.32	7.04	8.09	13.409	13.766	21.959	259.362
634	S	189.2703	15.7585	-139.4	-37.65	7.36	8.10				
635	P	189.3301	-0.2515	-79.53	-60.51	11.64	9.76	14.826	15.847	15.136	129.654
635	S	189.3333	-0.2542	-79.96	-60.51	11.69	9.81				
636	P	189.5173	-1.0136	-21.88	-71.59	4.82	10.23	14.995	15.916	19.561	154.740
636	S	189.5196	-1.0185	-21.07	-72.81	4.98	10.31				
637	P	189.8453	10.5666	-41.11	-47.03	7.20	6.37	15.699	16.539	3.502	7.257
637	S	189.8455	10.5675	-42.13	-48.45	7.26	6.44				
638	P	189.8914	11.0894	-35.71	3.07	4.43	4.93	15.744	18.374	15.745	199.095
638	S	189.8900	11.0853	-45.64	2.46	6.25	6.63				
639	P	189.9529	-1.2918	-71.83	-15.5	9.38	8.31	12.562	14.844	2.402	88.025
639	S	189.9536	-1.2917	-71.47	-16.21	9.42	8.34				
640	P	189.9580	9.3328	-10.59	-51.44	7.02	6.53	16.037	17.189	2.932	258.598
640	S	189.9571	9.3326	-7.74	-51.24	7.14	6.66				
641	P	189.9659	1.0023	-48.57	-14.16	7.55	6.11	12.703	14.111	20.065	352.195
641	S	189.9651	1.0078	-47.44	-13.41	7.57	6.13				

642	P	189.9799	4.4542	-49.18	-29.86	7.62	7.43	12.796	14.943	6.210	242.297
642	S	189.9783	4.4534	-48.65	-31.12	7.63	7.44				
643	P	190.0350	10.9751	-110.17	-2.64	7.26	7.15	13.233	15.006	8.460	127.267
643	S	190.0369	10.9737	-110.39	-3.44	7.27	7.17				
644	P	190.0413	1.1539	-88.97	-84.51	10.17	6.63	12.54	15.052	9.469	244.317
644	S	190.0389	1.1527	-85.21	-84.49	10.21	6.70				
645	P	190.0613	7.9533	-52.64	2.69	4.16	5.42	15.126	16.648	6.317	5.019
645	S	190.0614	7.9550	-52.02	2.71	4.50	5.70				
646	P	190.1249	-0.5336	-80.37	69.61	9.09	7.90	12.896	13.349	4.503	100.457
646	S	190.1261	-0.5338	-80.55	68.4	9.09	7.90				
647	P	190.1661	6.0078	-76.94	-35.29	8.76	8.64	13.081	14.532	2.289	137.382
647	S	190.1665	6.0074	-75.35	-43.7	7.34	6.23				
648	P	190.1944	8.0861	66.56	-34.94	7.14	5.99	13.198	14.818	5.376	243.770
648	S	190.1931	8.0854	69.28	-32.77	7.14	6.00				
649	P	190.3608	4.1676	-47.68	-22.01	6.53	5.69	13.807	13.919	2.075	299.515
649	S	190.3603	4.1679	-46.44	-22.86	6.54	5.69				
650	P	190.3893	10.2515	-6.67	-47.99	5.56	3.89	14.245	17.805	2.934	0.208
650	S	190.3893	10.2523	0.08	-45.06	6.32	4.89				
651	P	190.4560	14.1643	-44.06	-11.88	4.83	4.72	14.414	17.69	15.774	242.105
651	S	190.4520	14.1622	-40.31	-8.86	5.65	5.56				
652	P	190.8748	-1.0877	-114.76	-57.9	9.73	7.38	14.452	16.012	18.419	252.518
652	S	190.8699	-1.0892	-119.93	-56.43	9.83	7.51				
653	P	190.8847	7.4099	-62.9	7.61	6.80	3.42	14.567	15.287	2.855	16.567
653	S	190.8849	7.4107	-61.9	7.59	6.82	3.44				
654	P	190.8882	15.3218	-100.89	-71.65	9.37	6.17	13.51	15.092	7.320	64.824
654	S	190.8901	15.3227	-101.52	-72.54	9.39	6.20				
655	P	190.8904	8.8246	-57.94	-3.13	8.45	6.49	15.251	17.037	3.251	259.279
655	S	190.8895	8.8244	-51.43	-7.79	8.27	5.99				
656	P	190.8920	9.6849	-37.99	-6.43	5.92	4.08	15.62	15.716	2.187	308.110
656	S	190.8915	9.6853	-38.64	-7.19	5.93	4.09				
657	P	190.9047	4.2996	-42.06	25.32	6.94	3.81	14.121	15.86	2.108	333.499
657	S	190.9044	4.3001	-42.59	26.47	6.99	3.89				
658	P	190.9172	11.6438	-24.52	-36.53	6.33	4.39	15.738	15.931	2.783	199.001
658	S	190.9170	11.6431	-25.48	-37.03	6.33	4.39				
659	P	190.9725	14.2385	-63.74	15.36	7.62	6.78	13.03	15.224	5.522	225.406
659	S	190.9714	14.2375	-64.04	15.9	7.64	6.79				
660	P	190.9791	12.6078	-73.14	-7.14	7.22	5.72	13.141	16.078	3.569	164.878
660	S	190.9793	12.6069	-74.12	-9.87	7.26	5.77				
661	P	191.0545	10.6154	-30.8	-32.73	3.31	7.98	13.065	15.464	23.303	294.283
661	S	191.0485	10.6181	-31.36	-33.71	3.44	7.88				
662	P	191.0637	10.5539	-43.65	-16.23	5.24	7.46	14.305	15.111	2.686	293.122
662	S	191.0630	10.5542	-43.32	-17.52	5.24	7.46				
663	P	191.1190	-1.3165	-49.88	-174.86	8.51	8.00	14.48	15.515	3.161	251.953
663	S	191.1181	-1.3168	-51.67	-175.23	8.56	8.03				
664	P	191.1369	4.6717	40.82	-30.89	5.02	6.32	14.225	17.629	3.356	6.691
664	S	191.1370	4.6727	39.73	-27.85	5.53	6.74				
665	P	191.3460	4.0870	-38.74	-24.77	5.70	5.39	13.862	14.65	10.114	211.245
665	S	191.3445	4.0846	-39.6	-22.27	6.09	5.18				
666	P	191.5079	8.9339	-39.93	-1	5.49	4.66	15.171	17.068	2.594	144.270
666	S	191.5083	8.9333	-41.11	1.55	5.66	4.86				
667	P	191.5567	5.5310	11.09	-85.43	7.56	8.28	12.85	14.689	3.318	348.790
667	S	191.5565	5.5319	10.36	-86.29	7.57	8.29				
668	P	191.6733	6.3175	-66.61	-18.24	9.26	6.88	17.7	18.139	10.956	353.041
668	S	191.6730	6.3206	-73.07	-26.08	10.58	9.11				
669	P	191.8649	15.1986	-83.9	22.27	8.49	7.69	13.078	16.694	6.577	110.271
669	S	191.8667	15.1980	-78.38	21.45	8.58	8.10				
670	P	191.8945	7.3788	78.63	-70.99	6.84	6.53	13.191	13.493	6.341	265.278

670	S	191.8927	7.3786	79.82	-72.56	6.84	6.53			
671	P	191.9143	10.4131	-49.01	-18.18	7.15	5.61	15.466	16.536	10.012	187.559
671	S	191.9139	10.4103	-46.78	-20.86	7.25	5.74			
672	P	191.9489	8.4737	-61.66	-57.89	5.01	3.24	12.86	14.816	3.830	94.691
672	S	191.9500	8.4736	-60.57	-56.97	5.02	3.25			
673	P	192.0095	8.8997	-44.94	-6.39	4.18	4.86	17.456	17.681	29.589	275.201
673	S	192.0012	8.9004	-37.92	-4.07	4.32	4.97			
674	P	192.3484	0.0127	-59.54	-85.11	10.97	11.96	13.521	14.127	4.160	45.631
674	S	192.3492	0.0135	-56.81	-86.01	10.98	11.96			
675	P	192.3584	4.2596	-59.62	1.5	5.88	5.92	12.516	13.313	5.905	287.566
675	S	192.3569	4.2601	-59.8	0.42	5.88	5.92			
676	P	192.3970	5.9340	16.44	-53.4	4.97	5.71	12.949	16.055	4.838	193.439
676	S	192.3966	5.9327	17.49	-52.94	5.03	5.76			
677	P	192.4358	6.2745	-35.91	21.28	3.77	4.31	12.509	12.967	13.668	322.694
677	S	192.4335	6.2775	-35.2	23.89	3.66	4.37			
678	P	192.4469	-1.5664	-47.76	72.3	9.42	8.00	13.774	14.042	2.392	71.395
678	S	192.4475	-1.5662	-47.29	71.16	9.42	8.02			
679	P	192.5123	3.9447	-70.69	-22.84	8.97	7.84	13.891	15.365	2.485	106.586
679	S	192.5130	3.9445	-71.97	-23.34	8.99	7.86			
680	P	192.5544	15.7583	-46.37	-32.51	6.07	6.25	12.742	16.762	20.213	270.357
680	S	192.5485	15.7583	-46.5	-34.04	6.26	6.43			
681	P	192.8013	15.6914	-82.16	11.26	5.78	5.88	12.671	13.098	5.580	227.607
681	S	192.8001	15.6903	-82.23	12.22	5.95	5.77			
682	P	192.8020	4.0002	-51.13	-10.91	6.74	7.26	13.232	15.702	3.218	269.295
682	S	192.8011	4.0002	-50.88	-11.58	6.80	7.32			
683	P	192.8049	13.7567	-42.85	-6.79	5.46	6.05	13.224	16.098	4.140	116.883
683	S	192.8060	13.7561	-41.31	-8.52	5.51	6.10			
684	P	193.2415	13.2959	3.95	-101.22	7.68	6.82	14.533	15.962	2.767	125.109
684	S	193.2422	13.2955	-0.27	-98.56	7.72	6.87			
685	P	193.2553	4.8593	-57.19	-3.25	6.55	5.74	14.275	16.102	2.387	181.205
685	S	193.2553	4.8586	-58.46	-3.19	6.59	5.79			
686	P	193.4380	9.1859	32.31	-57.29	6.48	5.22	13.256	13.776	4.602	38.383
686	S	193.4388	9.1869	32.09	-57.16	6.48	5.22			
687	P	193.4557	7.6679	-159.77	-6.37	8.57	8.19	13.825	14.187	6.294	128.274
687	S	193.4571	7.6668	-161.08	-5.9	8.57	8.19			
688	P	193.5467	5.3870	11.45	-54.78	7.49	7.20	13.449	14.136	3.071	324.551
688	S	193.5462	5.3877	11.6	-52.57	7.50	7.20			
689	P	193.6920	7.0023	-56.69	6.2	6.34	6.27	14.948	15.611	5.660	323.329
689	S	193.6911	7.0035	-58.69	5.09	6.36	6.29			
690	P	194.0692	4.1381	-0.21	-59.93	6.95	8.97	13.85	15.665	3.261	127.232
690	S	194.0699	4.1376	-0.19	-61.8	7.00	9.00			
691	P	194.1987	11.7736	-88.47	-7.19	9.01	8.33	15.438	15.449	4.686	205.287
691	S	194.1981	11.7724	-89.6	-9.72	9.02	8.33			
692	P	194.4052	12.3931	-63.46	-44.93	6.02	5.88	14.553	15.785	13.826	91.925
692	S	194.4091	12.3930	-56.08	-43.07	6.18	5.80			
693	P	194.4335	12.4936	-51.53	-9.49	7.20	5.75	15.266	15.897	18.651	38.827
693	S	194.4368	12.4976	-50.83	-5.62	7.24	5.80			
694	P	194.4867	7.9935	-24.94	-59.45	5.81	5.81	16.477	17.149	3.706	184.745
694	S	194.4866	7.9924	-30.74	-52.52	6.15	6.15			
695	P	194.4918	0.4520	-76.02	-67.93	10.58	9.73	14.804	15.586	9.070	293.411
695	S	194.4895	0.4530	-76.39	-67.49	10.65	9.80			
696	P	194.5625	7.1299	-38.39	10.47	5.67	4.48	13.521	14.551	24.849	137.807
696	S	194.5672	7.1248	-44.81	8.15	5.60	4.38			
697	P	194.6227	11.5712	-42.93	-48.86	7.18	7.02	14.19	18.309	8.004	235.665
697	S	194.6208	11.5699	-45.34	-47.06	8.65	8.50			
698	P	194.6274	7.2584	-54.02	25.53	5.78	5.28	12.143	12.807	2.245	297.611
698	S	194.6269	7.2587	-57.75	27.29	4.90	4.94			

699	P	194.9131	6.8566	-406.01	-242.29	7.58	6.93	13.871	14.275	23.808	257.619
699	S	194.9066	6.8552	-405.1	-242.12	7.85	7.00				
700	P	194.9114	9.5073	-58.67	22.96	6.63	7.37	12.586	15.522	4.350	86.584
700	S	194.9126	9.5074	-59.48	19.49	6.70	7.43				
701	P	194.9253	10.0280	-156.66	23.65	10.81	7.13	12.514	16.998	7.698	250.495
701	S	194.9233	10.0273	-158.72	20.79	10.81	8.71				
702	P	194.9617	4.5253	-69.96	-107.3	8.14	7.59	13.01	15.501	9.219	234.063
702	S	194.9596	4.5238	-70.74	-105.28	8.17	7.62				
703	P	195.0118	4.9277	-70.06	2.69	7.09	4.98	14.111	16.206	2.266	234.119
703	S	195.0113	4.9274	-68.43	10.83	7.18	5.10				
704	P	195.3138	4.3098	-100.98	23.21	6.95	5.97	15.444	16.482	5.102	81.887
704	S	195.3152	4.3100	-101.18	23.72	6.98	6.06				
705	P	195.4476	10.5223	-73.8	-7.4	6.74	6.80	14.163	16.302	3.962	238.259
705	S	195.4467	10.5217	-74.38	-5.92	6.82	6.89				
706	P	195.4543	9.6158	76.46	-48.83	7.71	7.92	13.997	14.102	2.037	278.230
706	S	195.4538	9.6158	74.37	-48.14	7.71	7.92				
707	P	195.4596	10.9668	-30.06	-38.73	6.16	6.86	13.425	14.814	2.143	93.757
707	S	195.4602	10.9668	-31.57	-38.54	6.17	6.87				
708	P	195.9969	11.2286	-6.16	-89.8	6.64	5.56	13.194	13.25	22.474	45.057
708	S	196.0014	11.2330	5.07	-86.91	6.64	5.56				
709	P	196.2025	-0.6859	-61.25	-127.36	8.14	7.55	12.57	17.52	13.892	217.215
709	S	196.2001	-0.6889	-69.11	-125.66	11.35	9.30				
710	P	196.2306	11.7559	-124.6	32.09	9.11	8.39	13.093	13.377	1.944	0.519
710	S	196.2306	11.7564	-126.97	28.53	9.11	8.39				
711	P	196.2349	9.4021	-431.63	-192.34	4.39	6.97	13.372	14.562	2.947	282.489
711	S	196.2340	9.4022	-434	-193.96	4.40	6.98				
712	P	196.4791	2.8104	-21.42	-71.64	6.24	8.19	13.23	15.043	17.298	201.459
712	S	196.4773	2.8059	-24.33	-69.34	5.73	8.43				
713	P	196.5426	9.3333	-100.61	-22.07	6.66	6.51	13.588	14.972	15.271	246.594
713	S	196.5387	9.3316	-101.19	-21.04	6.53	6.51				
714	P	196.8657	9.2059	-71.16	-20.3	8.18	6.54	13.966	15.387	5.060	317.548
714	S	196.8647	9.2069	-66.58	-18.79	8.20	6.56				
715	P	196.9745	9.8632	-39.64	36.55	7.10	5.66	14.469	16.312	3.683	108.816
715	S	196.9755	9.8628	-38.63	36.97	7.16	5.74				
716	P	197.0469	-0.0113	-83.96	-4.55	12.03	9.97	12.703	15.733	4.825	83.617
716	S	197.0483	-0.0112	-84.22	-4.69	12.17	10.12				
717	P	197.0658	8.2129	-11.67	-91.55	2.49	5.58	13.362	14.147	11.808	329.739
717	S	197.0642	8.2158	-16.26	-91.34	3.31	6.83				
718	P	197.1070	13.2256	-73.4	-19.96	8.18	8.83	13.236	17.881	10.469	170.014
718	S	197.1075	13.2228	-73.67	-26.46	9.15	9.77				
719	P	197.3372	15.0465	-47.41	-22.29	6.74	7.34	14.058	15.7	10.709	166.061
719	S	197.3379	15.0437	-52.52	-17.07	6.80	7.41				
720	P	197.3580	9.0335	-56.92	21.77	6.57	5.80	15.767	16.41	4.553	137.141
720	S	197.3589	9.0326	-52.5	19.34	6.68	5.94				
721	P	197.4605	3.3405	-38.97	-131.98	9.50	6.72	13.945	13.992	5.344	87.915
721	S	197.4620	3.3406	-37.36	-134.5	9.31	6.65				
722	P	197.5194	14.4359	-51.93	-22.29	7.53	4.63	13.889	15.249	5.523	126.892
722	S	197.5207	14.4350	-41.65	-21.02	4.87	4.13				
723	P	197.6129	-0.2562	47.97	-46.38	5.66	4.88	15.032	16.878	3.533	349.549
723	S	197.6127	-0.2553	49.31	-40.42	7.02	6.86				
724	P	197.6845	14.5759	-66.9	41.27	7.79	8.23	14.118	14.373	4.824	284.391
724	S	197.6832	14.5762	-66.02	41.3	7.79	8.23				
725	P	197.6893	9.1772	-33.96	-40.34	6.75	5.37	14.873	16.917	2.477	185.352
725	S	197.6892	9.1765	-31.32	-43.11	7.11	5.83				
726	P	197.7352	12.0094	-113.72	-46.42	8.45	7.26	14.911	15.762	4.046	155.529
726	S	197.7357	12.0084	-116.41	-47.35	8.48	7.29				
727	P	197.8199	-1.4851	-148.23	13.14	10.39	10.28	12.482	13.485	2.778	253.203

727	S	197.8192	-1.4853	-145.25	16.92	10.40	10.28			
728	P	197.9293	13.8104	-58.33	-39.35	8.50	8.14	14.846	15.595	14.463	200.621
728	S	197.9278	13.8066	-57.17	-35.99	8.53	8.17			
729	P	198.0611	-0.8243	21.2	-43.09	4.87	3.74	12.462	12.781	3.886	64.192
729	S	198.0621	-0.8239	21.42	-42.48	4.87	3.74			
730	P	198.3392	9.6166	-23.23	-54.81	4.87	5.56	15.714	16.068	6.123	195.121
730	S	198.3387	9.6150	-25.37	-53.37	4.91	5.59			
731	P	198.6072	13.0945	-47.61	-6.4	5.18	4.58	13.678	14.113	2.389	6.065
731	S	198.6073	13.0952	-47.37	-4.08	5.18	4.59			
732	P	198.8171	7.0060	-36.55	37.48	7.11	5.79	15.197	15.74	9.635	95.553
732	S	198.8198	7.0057	-36.83	38	6.76	5.56			
733	P	199.1733	15.7252	53.81	-59.33	10.81	10.26	14.931	15.34	3.867	82.026
733	S	199.1744	15.7253	52.25	-66.24	10.82	10.28			
734	P	199.2206	7.3970	22.42	-80.84	6.40	6.36	13.019	13.935	2.766	338.102
734	S	199.2203	7.3977	24.22	-74.81	6.80	6.94			
735	P	199.2958	8.0278	30.7	-89.38	5.08	4.61	14.181	16.785	4.830	270.214
735	S	199.2944	8.0278	31.95	-88.76	5.33	4.89			
736	P	199.3058	-1.8195	-57.97	0.52	7.63	7.09	13.369	14.821	13.669	30.516
736	S	199.3077	-1.8162	-57.95	-5	7.04	6.52			
737	P	199.3745	9.8519	-43.24	-67.17	7.10	5.89	12.686	13.293	3.981	326.289
737	S	199.3738	9.8528	-43.59	-65.83	7.10	5.89			
738	P	199.4765	11.7706	-26.35	-51.43	5.81	4.82	13.671	13.921	7.521	90.439
738	S	199.4787	11.7706	-27.28	-49.49	5.65	4.65			
739	P	199.5026	4.1410	-28.83	-60.43	6.59	5.85	14.979	15.746	3.930	262.844
739	S	199.5016	4.1409	-31.91	-62.2	6.65	5.91			
740	P	199.6207	8.6595	33.64	-41.81	8.44	6.57	15.619	15.799	3.272	316.747
740	S	199.6201	8.6602	34.54	-42.88	8.45	6.58			
741	P	199.7979	10.3285	-69.81	-9.08	7.30	6.35	13.692	13.781	22.743	106.054
741	S	199.8041	10.3268	-69.75	-8.48	7.30	6.35			
742	P	199.8195	11.6729	-42.24	-74.72	8.88	7.40	13.353	15.606	26.615	144.303
742	S	199.8239	11.6669	-32.82	-69.25	8.45	7.34			
743	P	199.8607	11.2520	-54.81	-19.27	7.20	5.05	16.349	16.607	3.193	114.018
743	S	199.8616	11.2517	-50.69	-18.73	7.30	5.18			
744	P	199.8634	12.8633	-39.23	-31.25	5.16	4.76	14.311	16.341	28.069	88.883
744	S	199.8714	12.8635	-33.73	-36.93	5.33	4.09			
745	P	199.9309	10.2952	-49.28	-6.5	7.04	4.76	13.741	14.683	22.689	120.714
745	S	199.9364	10.2920	-48.11	-7.02	7.16	4.79			
746	P	200.0250	10.3319	-41.3	33.02	6.22	7.22	13.308	15.118	13.933	59.539
746	S	200.0284	10.3339	-40.47	32.73	6.23	7.23			
747	P	200.0323	9.5755	-7.26	-51.04	7.32	6.54	14.795	15.674	7.497	333.390
747	S	200.0313	9.5774	-8.59	-51.31	7.34	6.57			
748	P	200.1481	12.5780	-33.84	56.27	7.01	6.34	13.227	13.673	1.881	165.950
748	S	200.1482	12.5775	-29.53	45.92	7.01	6.35			
749	P	200.2477	-0.9256	-3.99	-244.2	12.60	11.97	16.523	17.59	21.499	125.820
749	S	200.2526	-0.9291	-5.64	-250.85	13.87	12.96			
750	P	200.4404	-1.3539	-52.68	-74.19	10.45	8.70	16.326	17.945	4.618	172.611
750	S	200.4406	-1.3551	-67.54	-65.89	12.91	10.73			
751	P	200.5406	4.1582	-6.19	-75.1	10.74	8.43	12.872	13.789	2.285	188.402
751	S	200.5405	4.1576	-4.33	-75.97	10.75	8.44			
752	P	200.6733	14.0036	-63.82	-18.86	6.05	8.83	13.005	13.631	4.010	29.655
752	S	200.6738	14.0045	-68.58	-18.28	6.32	6.04			
753	P	200.6819	12.6493	-54.74	-1.82	6.78	7.49	14.083	15.206	2.962	30.499
753	S	200.6823	12.6500	-53.53	0.27	6.79	7.50			
754	P	200.7557	8.0422	-0.87	-59.6	4.88	6.25	15.95	16.488	3.658	185.199
754	S	200.7556	8.0412	-0.44	-57.68	4.97	6.43			
755	P	200.9622	7.9308	-83.54	-19.29	8.11	5.65	15.671	17.928	2.691	137.703
755	S	200.9627	7.9303	-79.11	-14.91	9.09	6.98			

756	P	200.9766	-0.7522	-64.4	12.9	9.28	7.30	12.844	13.004	2.537	31.003
756	S	200.9769	-0.7516	-58.3	16.18	9.29	7.31				
757	P	200.9945	10.4838	-86.86	-98.75	7.32	5.53	12.385	14.261	5.802	223.197
757	S	200.9933	10.4826	-91.96	-96.85	6.98	4.63				
758	P	201.0178	12.8653	36.99	-51.83	7.30	8.75	15.084	16.341	21.183	73.228
758	S	201.0236	12.8670	36.14	-52.51	7.35	8.79				
759	P	201.0415	10.1195	-27.34	-53.66	8.05	6.70	13.523	15.122	6.355	248.290
759	S	201.0398	10.1189	-26.82	-54.07	8.06	6.71				
760	P	201.0503	13.0013	-24.81	15.01	3.16	3.51	14.512	15.576	12.390	129.691
760	S	201.0530	12.9991	-28.57	10.06	3.90	3.89				
761	P	201.1057	12.5659	-24.54	-33.92	6.72	3.53	13.794	13.906	6.338	191.545
761	S	201.1054	12.5642	-22.87	-33.79	6.72	3.53				
762	P	201.1590	3.8123	-135.17	-48.07	6.73	9.16	12.88	16.969	5.374	12.037
762	S	201.1593	3.8138	-127.14	-48.49	7.21	9.51				
763	P	201.3078	12.5037	-95.17	-41.37	8.03	7.97	15.108	16.423	22.515	292.556
763	S	201.3018	12.5061	-98.04	-38.11	8.11	8.04				
764	P	201.6114	8.4953	21.97	-38.97	3.57	4.00	17.479	18.072	18.667	60.631
764	S	201.6159	8.4978	15.83	-30.86	4.29	4.63				
765	P	201.6414	8.0332	-21.45	-33.02	5.83	3.51	15.506	16.566	2.290	133.761
765	S	201.6418	8.0328	-17.41	-31.06	5.93	3.71				
766	P	201.6696	3.2501	48.61	-35.06	8.40	7.23	12.771	15.566	22.198	111.252
766	S	201.6753	3.2479	42.73	-37.99	9.32	6.62				
767	P	201.7470	2.4948	-152.94	-37.58	8.67	9.44	12.986	14.706	15.894	176.523
767	S	201.7473	2.4903	-152.59	-33.92	8.40	9.05				
768	P	201.8728	10.7443	-56.34	-16.11	5.67	8.35	15.604	15.699	14.640	121.454
768	S	201.8763	10.7422	-55.17	-17.41	5.62	8.44				
769	P	202.0643	9.7180	-90.36	-12.51	7.33	5.49	12.764	15.833	6.286	297.381
769	S	202.0627	9.7188	-91.08	-12.63	7.37	5.55				
770	P	202.0688	13.8138	-35.34	-64.52	9.18	7.42	13.83	14.708	3.368	31.687
770	S	202.0693	13.8146	-34.77	-64.3	9.33	7.55				
771	P	202.0895	9.7391	-48.32	30.96	8.14	5.91	13.725	13.784	2.398	22.163
771	S	202.0898	9.7397	-49.08	32.29	8.14	5.91				
772	P	202.1479	8.1387	-144.85	-60.41	8.32	8.67	15.266	16.446	11.900	267.156
772	S	202.1445	8.1386	-144.88	-59.82	8.36	8.70				
773	P	202.1519	15.5773	-127.39	-11.01	11.95	9.96	14.228	14.434	2.255	260.259
773	S	202.1513	15.5771	-129.08	-10.41	11.95	9.96				
774	P	202.6068	14.6897	-81.55	-27.21	10.87	7.73	14.977	16.049	2.528	311.352
774	S	202.6062	14.6901	-80.97	-28.35	11.00	7.89				
775	P	202.6224	8.0532	30.28	-35.24	6.14	5.32	15.241	17.15	3.494	300.670
775	S	202.6215	8.0537	33.76	-37.51	6.28	5.69				
776	P	202.6650	12.8471	-45.24	-29.53	7.40	7.45	14.684	15.881	7.605	16.159
776	S	202.6656	12.8491	-49.07	-28.01	7.53	7.61				
777	P	202.6666	13.2837	-79.09	-78.24	9.92	10.38	15.345	15.631	2.490	348.225
777	S	202.6665	13.2843	-75.89	-78.7	9.94	10.39				
778	P	202.7561	1.1747	-58.15	-57.87	9.06	6.69	15.521	15.667	2.161	224.792
778	S	202.7557	1.1742	-59.89	-57.88	9.07	6.71				
779	P	202.8539	13.8040	-48.87	13.12	6.12	5.58	16.154	16.38	2.799	52.248
779	S	202.8545	13.8045	-52.53	17.29	6.17	5.63				
780	P	203.1615	3.2902	-77.72	11.56	9.11	9.43	13.996	17.325	14.430	88.771
780	S	203.1655	3.2903	-75.87	11	9.84	10.12				
781	P	203.2405	14.0717	1.04	-82.43	9.69	9.41	14.339	16.075	6.307	332.428
781	S	203.2397	14.0733	-0.8	-84.96	9.77	9.49				
782	P	203.3607	12.8723	-47.37	-25.37	5.71	4.87	15.011	15.675	3.964	252.288
782	S	203.3596	12.8720	-49.76	-25.53	5.87	5.02				
783	P	203.4454	0.9999	-57.55	17.92	5.44	5.99	13.206	13.425	4.041	115.770
783	S	203.4464	0.9994	-57.83	22.6	5.44	5.99				
784	P	203.4604	10.4922	-83.81	1.53	7.30	5.21	13.055	17.469	3.162	9.602

784	S	203.4605	10.4931	-81.27	4.17	7.67	5.74			
785	P	203.4985	-1.3020	-102.2	-24.82	10.74	10.14	13.058	14.707	3.645	142.107
785	S	203.4991	-1.3028	-101.98	-25.57	10.78	10.18			
786	P	203.6141	1.1814	-82.83	-22.06	8.56	7.62	13.01	13.599	19.791	128.938
786	S	203.6184	1.1780	-79.83	-18.78	8.42	6.79			
787	P	203.6330	10.9753	37.97	-26.55	5.42	5.84	12.836	15.444	6.166	139.892
787	S	203.6341	10.9740	38.37	-26.2	5.44	5.86			
788	P	203.7220	8.3650	-49.57	3.96	6.34	5.75	12.946	13.243	9.050	90.091
788	S	203.7245	8.3650	-50.23	2.39	6.34	5.75			
789	P	203.7781	8.1813	-26.25	-26.82	3.77	3.71	16.575	17.235	27.864	330.975
789	S	203.7743	8.1881	-27.7	-21.85	3.96	3.90			
790	P	203.8432	1.5163	-51.38	-7.24	6.49	6.01	14.648	14.787	6.053	93.444
790	S	203.8449	1.5162	-53.75	-5.33	6.21	5.52			
791	P	203.8981	1.4867	-18.87	-62.98	4.36	7.66	13.601	13.963	5.380	253.439
791	S	203.8966	1.4863	-18.9	-62.41	4.37	7.66			
792	P	204.0952	13.8599	-75.04	24.02	4.87	8.41	15.084	15.824	2.477	124.933
792	S	204.0958	13.8595	-76.22	23.77	4.89	8.42			
793	P	204.2543	8.0808	-74.48	-49.09	7.73	4.53	14.42	17.577	25.297	325.156
793	S	204.2502	8.0866	-71.86	-46.06	7.88	4.87			
794	P	204.2778	11.3501	-15.52	-94.16	7.15	7.01	16.01	16.775	2.284	330.266
794	S	204.2775	11.3506	-13.06	-92.76	7.10	6.97			
795	P	204.3291	10.2872	-72.48	-46.48	6.48	6.17	13.384	14.997	3.955	113.099
795	S	204.3302	10.2868	-73.07	-45.84	6.49	6.18			
796	P	204.3940	12.0630	-85.61	2.87	7.61	6.23	13.664	15.72	11.371	108.994
796	S	204.3971	12.0620	-85.97	2.56	7.63	6.27			
797	P	204.4482	13.0259	-24.57	-50.04	6.63	6.66	15.467	16.121	3.225	53.171
797	S	204.4489	13.0265	-24.55	-48.49	6.66	6.69			
798	P	204.6133	13.8016	-48.54	-0.64	5.72	5.53	13.744	15.858	11.569	69.279
798	S	204.6163	13.8028	-48.61	-0.05	4.11	4.90			
799	P	204.9842	9.4927	-12.83	-36.65	4.43	5.75	16.118	16.934	18.606	350.598
799	S	204.9833	9.4978	-11.98	-35.38	3.38	6.20			
800	P	205.0424	8.0949	30.62	-43.74	6.23	6.64	15.375	16.476	8.441	58.620
800	S	205.0444	8.0961	29.46	-41.8	6.33	6.73			
801	P	205.1301	-0.2134	-125.82	-63.75	12.61	10.02	16.057	16.93	19.532	354.447
801	S	205.1296	-0.2080	-125.35	-65.3	12.85	10.30			
802	P	205.2999	8.2717	-53.49	-5.75	6.69	7.96	15.9	16.227	4.238	301.895
802	S	205.2989	8.2723	-54.53	-7.83	6.71	7.98			
803	P	205.3255	11.2697	-2.35	-55.52	5.88	6.71	13.598	14.227	10.502	75.285
803	S	205.3284	11.2705	-2.44	-58.03	5.87	6.65			
804	P	205.4435	15.7918	-47	-37.39	6.65	5.46	13.52	13.638	2.667	209.485
804	S	205.4431	15.7911	-47.46	-39.33	6.67	5.42			
805	P	205.5007	12.7850	-49.05	18.65	4.46	8.71	13.318	16.406	5.940	191.282
805	S	205.5004	12.7833	-51.37	16.31	4.22	8.84			
806	P	205.5405	2.0646	-65.47	-1.09	8.44	5.25	14.011	14.775	5.963	68.391
806	S	205.5421	2.0652	-64.83	-1.96	9.16	5.15			
807	P	205.5978	8.4925	8.13	-55.75	5.86	4.09	16.168	17.334	5.409	208.850
807	S	205.5971	8.4912	4.67	-61.3	7.67	5.14			
808	P	205.9365	15.5696	-51.99	-9.72	8.16	6.08	16.615	16.643	4.329	66.059
808	S	205.9377	15.5701	-53.74	-9.1	8.17	6.09			
809	P	206.3406	10.5633	75.93	-18.11	8.86	5.12	12.084	12.937	3.665	294.801
809	S	206.3396	10.5637	76.44	-18.36	9.00	5.20			
810	P	206.5319	8.4152	5.15	-49.37	4.78	4.58	12.667	15.89	29.011	87.945
810	S	206.5400	8.4155	1.57	-46.8	4.74	4.39			
811	P	206.6859	11.3957	-53.07	-14.07	7.39	7.45	15.144	16.104	7.962	99.079
811	S	206.6881	11.3954	-54.48	-12.54	7.44	7.36			
812	P	207.0212	14.5374	-61.67	19.95	7.75	7.88	15.287	18.256	13.090	352.136
812	S	207.0207	14.5410	-56.47	33.47	8.99	9.12			

813	P	207.1182	10.3782	-33.38	-24.22	5.22	5.75	16.182	17.59	29.397	321.877
813	S	207.1130	10.3846	-42.68	-22.8	5.52	6.14				
814	P	207.6704	-1.0116	-14.35	-77.55	8.82	7.53	13.903	14.306	23.661	99.148
814	S	207.6768	-1.0126	-14.55	-77.01	9.70	7.02				
815	P	207.7057	13.6163	-64.01	7.42	8.65	7.43	14.213	14.79	24.213	177.408
815	S	207.7060	13.6096	-63.64	6.68	8.66	7.44				
816	P	207.7699	9.6290	-67.07	-5.42	6.94	5.88	15.934	16.682	2.698	257.439
816	S	207.7692	9.6288	-65.52	-6.43	7.60	6.36				
817	P	207.7809	-1.3708	-69.28	7.38	6.78	7.89	12.881	14.395	8.323	262.169
817	S	207.7786	-1.3711	-70.06	8.28	6.79	7.90				
818	P	207.9065	8.0871	78.95	-48.19	8.01	7.59	13.884	14.778	5.178	20.299
818	S	207.9070	8.0885	78.37	-45.04	8.01	7.59				
819	P	208.0348	13.3228	-13.27	-223.66	10.41	8.22	12.892	13.369	11.019	212.198
819	S	208.0331	13.3202	-11.64	-227.45	10.24	8.16				
820	P	208.2011	0.8665	-124.7	-204.44	8.81	8.69	14.654	15.779	2.103	220.970
820	S	208.2007	0.8660	-123.71	-206.52	8.88	8.76				
821	P	208.2493	14.8541	-54.64	-21.98	4.75	7.31	13.74	14.007	6.695	185.548
821	S	208.2491	14.8523	-52.96	-25.97	5.06	7.61				
822	P	208.3864	10.6147	-60.92	10.91	6.69	6.64	15.239	16.586	3.096	281.267
822	S	208.3855	10.6149	-61.3	14.23	6.72	6.39				
823	P	208.4398	-0.4208	10.54	-71.9	8.87	8.04	15.148	16.064	8.293	122.953
823	S	208.4417	-0.4221	9.35	-68.79	9.00	8.19				
824	P	208.5064	9.3391	-29.48	-38.01	6.56	4.52	14.146	15.561	7.792	80.130
824	S	208.5086	9.3395	-28.1	-38.41	6.58	4.56				
825	P	208.5281	8.9294	2.71	-38.5	4.67	4.60	14.342	15.061	10.382	320.242
825	S	208.5262	8.9316	2.04	-36.88	4.18	4.64				
826	P	208.8075	12.4282	10.49	-41	4.63	5.18	15.624	16	3.598	24.718
826	S	208.8079	12.4291	11.92	-40.67	4.69	5.25				
827	P	208.8618	10.3666	-0.18	-54.37	5.99	5.07	13.655	13.893	3.055	325.707
827	S	208.8614	10.3673	-0.14	-53.79	5.99	5.08				
828	P	208.8781	12.6543	-38.29	-21.71	6.23	3.46	15.37	16.488	5.098	330.622
828	S	208.8774	12.6556	-38.15	-20.29	6.42	3.84				
829	P	208.9616	-1.1527	-56.38	-85.33	7.98	7.66	14.433	15.242	5.080	341.877
829	S	208.9612	-1.1514	-55.61	-85.32	7.99	7.67				
830	P	209.0938	1.0450	-56.77	-50.96	9.72	9.87	13.744	15.798	18.141	155.875
830	S	209.0958	1.0404	-64.08	-68.32	9.84	9.99				
831	P	209.8012	-1.2590	-52.86	4.01	6.61	6.91	13.328	15.045	20.742	357.703
831	S	209.8010	-1.2532	-53.5	9.07	3.42	7.06				
832	P	209.8027	2.4583	-91.87	-108.9	12.15	11.52	12.278	12.504	7.967	90.699
832	S	209.8049	2.4582	-90.54	-108.58	12.15	11.52				
833	P	209.8211	8.2195	-36.16	-39.95	6.77	7.04	15.607	17.331	5.286	194.760
833	S	209.8207	8.2181	-33.71	-41.64	5.86	7.85				
834	P	209.9162	11.3152	-36	-34.68	5.77	5.30	16.081	16.805	15.028	185.959
834	S	209.9157	11.3110	-25.79	-33.92	5.86	5.29				
835	P	209.9163	7.9050	-82.31	-3.08	7.60	7.53	12.435	14.669	3.407	25.944
835	S	209.9167	7.9059	-81.57	-1.65	7.61	7.53				
836	P	210.1231	-1.6724	-60.26	-21.11	6.75	5.43	12.787	13.969	6.408	154.236
836	S	210.1239	-1.6740	-58.96	-19.09	6.75	7.55				
837	P	210.2475	1.0190	-45.16	-62.32	7.47	7.00	15.154	17.025	2.379	343.295
837	S	210.2473	1.0196	-45.88	-64.57	8.39	7.95				
838	P	210.4602	8.1345	-29.64	-53.12	8.69	6.29	13.463	15.333	3.362	133.174
838	S	210.4608	8.1339	-29.23	-56.38	8.70	6.31				
839	P	210.5744	8.6838	-48.66	4.96	5.88	5.49	14.415	16.101	7.873	62.375
839	S	210.5763	8.6848	-50.4	4.71	5.99	5.60				
840	P	210.6642	9.1070	-58.61	56.42	3.83	6.35	12.471	13.97	4.359	171.323
840	S	210.6644	9.1058	-57.58	55.54	3.84	6.36				
841	P	211.0000	-1.0242	-57.04	-82.11	8.16	4.08	13.198	14.371	3.345	353.450

841	S	210.9999	-1.0233	-55.03	-81.12	8.09	4.00				
842	P	211.1590	0.2960	-133.91	36.08	9.65	6.53	12.497	12.555	5.487	64.342
842	S	211.1604	0.2967	-133.24	36.97	9.47	6.86				
843	P	211.1675	-0.6722	-135.45	-79.24	8.18	10.42	13.065	14.246	7.707	158.145
843	S	211.1683	-0.6742	-135.5	-80.87	8.19	10.43				
844	P	211.1879	13.5917	-1.98	-48.76	6.66	4.82	13.344	14.249	6.127	84.910
844	S	211.1896	13.5919	-2.94	-48.57	6.67	4.84				
845	P	211.2961	8.5372	-144.45	-31.74	8.10	5.47	13.154	15.64	18.799	137.549
845	S	211.2997	8.5333	-144.94	-32.23	8.14	5.53				
846	P	211.4099	9.8741	-44.09	-27.98	7.08	7.07	14.052	14.378	9.111	106.434
846	S	211.4124	9.8733	-42.8	-27.5	7.08	7.07				
847	P	211.4630	10.3841	-49.18	17.52	6.29	4.28	12.735	13.878	18.157	256.177
847	S	211.4580	10.3829	-49.06	18.4	6.29	4.29				
848	P	211.5964	-0.8671	-117.84	-14.47	9.98	9.39	13.172	16.042	3.211	309.727
848	S	211.5957	-0.8665	-114.41	-16.51	10.12	9.53				
849	P	211.8662	14.7397	14.59	-80.36	8.13	7.45	14.069	15.948	3.258	337.310
849	S	211.8658	14.7405	15.38	-81.36	8.26	7.61				
850	P	212.0041	-0.3422	-53.89	-29.65	7.71	8.64	13.576	15.344	2.773	104.433
850	S	212.0049	-0.3424	-56.31	-31.05	7.75	8.67				
851	P	212.0253	0.0632	-75.59	44.41	8.28	6.31	14.272	14.626	3.504	202.217
851	S	212.0250	0.0623	-79	45.81	8.11	8.92				
852	P	212.0976	13.4732	-66.72	-36.55	8.61	8.39	13.698	14.559	8.077	199.496
852	S	212.0968	13.4710	-65.7	-36.07	8.47	8.19				
853	P	212.1276	13.8124	-25.47	-77.29	6.01	6.03	14.006	15.314	13.009	324.802
853	S	212.1254	13.8154	-28.68	-73.88	7.82	7.55				
854	P	212.2320	7.7889	-48.67	-26.71	6.66	7.18	13.884	15.408	12.397	78.186
854	S	212.2354	7.7897	-48.34	-30.46	6.77	7.33				
855	P	212.3043	14.8110	-64.57	-11.07	7.16	6.85	13.275	15.275	4.350	300.318
855	S	212.3033	14.8117	-62.56	-12.43	7.19	6.88				
856	P	212.3598	13.4399	-57.99	-22.56	7.61	6.46	14.193	17.05	3.606	278.671
856	S	212.3588	13.4401	-69.31	-21.88	8.21	7.16				
857	P	212.4076	13.8209	-84.56	-5.12	6.97	7.43	12.412	13.938	19.180	235.378
857	S	212.4030	13.8179	-82.26	-5.07	7.70	7.35				
858	P	212.5164	9.0355	-51.71	-2.58	6.68	7.36	15.286	15.75	25.903	55.262
858	S	212.5224	9.0396	-52.01	-2.22	6.73	7.40				
859	P	212.8065	10.9264	-165.16	-42.07	6.26	6.57	13.728	16.645	3.371	3.126
859	S	212.8065	10.9273	-162.54	-41.4	6.46	6.77				
860	P	212.8667	0.3997	-52.16	-10.17	6.71	6.80	15.646	16.716	2.795	153.700
860	S	212.8671	0.3990	-58.59	-8.6	7.04	7.31				
861	P	213.0735	7.8706	15.11	-56.16	7.61	6.24	12.413	15.277	2.555	99.816
861	S	213.0742	7.8705	14.19	-55.71	7.63	6.26				
862	P	213.1344	8.9612	-68.61	16.58	2.55	3.61	13.761	14.352	4.407	259.646
862	S	213.1332	8.9610	-68.6	15.74	2.57	3.62				
863	P	213.1758	-1.6095	-30.5	-38.37	6.45	6.71	14.83	16.357	17.273	252.272
863	S	213.1712	-1.6110	-38.82	-41.79	6.79	6.68				
864	P	213.2683	-0.1955	-64.54	-43.66	8.30	8.43	12.367	13.328	3.987	140.864
864	S	213.2690	-0.1963	-63.17	-46.6	8.30	8.43				
865	P	213.2892	14.2151	7.34	-54.17	7.35	6.38	16.044	16.583	3.728	244.117
865	S	213.2882	14.2147	10.94	-51.09	7.49	6.54				
866	P	213.3193	10.3562	-39.68	-47.21	6.42	6.60	15.953	16.766	11.560	233.944
866	S	213.3167	10.3544	-39.17	-48.79	7.70	6.81				
867	P	213.3670	8.5070	-31.52	-32.04	6.12	5.77	14.135	16.831	14.790	345.031
867	S	213.3660	8.5110	-33.2	-31.62	6.37	5.24				
868	P	213.6578	-0.5955	-63.75	-4.11	8.21	8.12	15.16	15.33	2.629	319.834
868	S	213.6573	-0.5949	-63.61	-2.63	8.22	8.13				
869	P	213.7454	11.2456	-67.87	-56.32	10.07	7.54	17	17.674	5.663	36.230
869	S	213.7463	11.2469	-64.86	-60.83	10.46	8.05				

870	P	213.8066	-0.6078	-47.06	30.79	5.41	6.67	12.854	15.231	2.902	337.381
870	S	213.8063	-0.6070	-52.45	30.85	5.52	6.74				
871	P	213.8741	7.2828	24.62	-57.69	7.80	7.41	14.325	18.132	6.608	339.302
871	S	213.8734	7.2845	33.68	-65.14	8.63	8.29				
872	P	213.9650	1.6294	-78.77	-26.58	8.99	7.97	14.096	15.321	12.727	179.158
872	S	213.9650	1.6259	-80.12	-29.6	9.20	8.09				
873	P	214.1376	13.0265	-2.8	-70.41	5.70	4.19	14.178	14.341	26.992	155.618
873	S	214.1408	13.0197	-3.06	-69.82	5.18	5.11				
874	P	214.2781	13.5164	-55.82	-49.34	7.30	8.04	13.905	14.95	9.485	85.166
874	S	214.2808	13.5166	-57.05	-49.1	7.31	8.05				
875	P	214.3598	7.8900	12.81	-64.74	8.53	7.43	15.706	16.211	2.646	77.026
875	S	214.3605	7.8902	17.48	-66.21	8.55	7.45				
876	P	214.4391	-1.5684	-59.34	-42.9	7.30	5.36	13.681	15.176	3.140	31.202
876	S	214.4395	-1.5677	-59.7	-44.12	7.33	5.40				
877	P	214.5429	11.7353	7.81	-53.03	5.98	6.29	13.7	14.791	4.198	143.884
877	S	214.5436	11.7343	7.9	-56.2	5.99	6.30				
878	P	214.7268	10.6206	-45.23	-1.27	5.61	7.00	13.015	15.599	11.195	194.328
878	S	214.7260	10.6176	-45.6	4.76	5.70	6.73				
879	P	214.8508	9.5571	-19.78	-57.17	6.71	5.66	14.846	16.205	24.964	142.847
879	S	214.8550	9.5516	-19.21	-58.32	6.75	5.71				
880	P	214.9848	1.7100	-45.35	-51.6	6.72	7.56	12.579	13.305	12.328	167.166
880	S	214.9856	1.7067	-47.09	-53.49	7.55	8.01				
881	P	215.0409	9.9578	-50.21	-1.24	8.55	5.18	14.866	16.096	2.185	222.842
881	S	215.0405	9.9574	-54.68	-1.84	8.60	5.24				
882	P	215.0623	9.9413	-71.02	-33.42	8.10	5.21	13.051	14.081	4.772	275.801
882	S	215.0610	9.9414	-72.2	-35.31	8.36	5.38				
883	P	215.0702	12.1275	-108.3	-21.31	6.97	8.14	13.545	16.536	20.381	44.325
883	S	215.0743	12.1315	-113.17	-20.14	7.72	8.18				
884	P	215.2489	-0.3112	-70.8	9.97	7.31	6.57	13.373	17.527	3.680	83.654
884	S	215.2499	-0.3111	-75.87	15.79	9.35	8.90				
885	P	215.3643	11.0664	20.18	-64.61	7.29	5.71	14.766	15.071	2.075	238.526
885	S	215.3638	11.0661	16.22	-71.07	7.29	5.72				
886	P	215.5065	9.7612	-43.13	-5.2	5.56	6.30	13.881	15.302	8.976	159.741
886	S	215.5074	9.7588	-44.94	-3.91	5.59	6.38				
887	P	215.6473	11.9006	-45.86	-25.47	4.65	3.92	14.101	15.08	6.759	193.195
887	S	215.6469	11.8988	-45.06	-26.63	6.81	6.53				
888	P	215.6676	8.8259	-55.94	-70.79	4.35	3.94	14.118	15.7	2.151	56.816
888	S	215.6681	8.8262	-52.44	-71.75	4.41	4.09				
889	P	215.7292	6.5128	-18.26	49.4	5.30	4.32	14.447	15.307	15.238	170.189
889	S	215.7300	6.5086	-20.39	51.33	5.25	5.40				
890	P	215.7600	1.9061	-26.38	-38.64	6.04	2.92	13.935	14.022	2.897	88.647
890	S	215.7609	1.9061	-28.89	-41.2	6.04	2.92				
891	P	215.8263	8.5269	11.72	-56.37	7.24	6.25	15.029	15.38	1.952	20.164
891	S	215.8264	8.5274	12.66	-50.83	7.25	6.27				
892	P	216.0188	8.2953	-46.18	19.7	3.92	5.77	13.728	15.759	9.056	343.101
892	S	216.0181	8.2977	-48.77	20.8	3.98	5.81				
893	P	216.1627	9.2870	-211.18	-155.92	7.31	4.16	14.525	15.677	3.776	193.493
893	S	216.1624	9.2859	-221.11	-156.19	7.44	4.08				
894	P	216.2255	2.7420	-30.92	-82.06	6.84	6.60	13.146	13.2	29.505	343.590
894	S	216.2232	2.7498	-31.15	-81.24	6.12	6.35				
895	P	216.2615	0.7774	-51.99	9.66	5.98	5.84	14.411	16.692	14.102	173.242
895	S	216.2619	0.7735	-52.54	4.48	6.75	6.14				
896	P	216.2933	8.8953	-59.64	20.8	6.78	3.41	16.728	17.334	8.478	172.891
896	S	216.2936	8.8930	-61.84	20.38	7.08	3.83				
897	P	216.3139	4.9606	-22.55	-54.23	6.77	5.28	12.591	14.533	5.073	127.712
897	S	216.3150	4.9597	-24.36	-53.7	6.79	5.30				
898	P	216.3549	1.2496	-44.56	10.16	6.71	5.95	12.315	15.089	4.969	31.242

898	S	216.3557	1.2507	-45.35	10.03	6.74	5.98			
899	P	216.5433	2.0708	-93.32	10.44	8.90	7.20	14.419	16.515	24.957	196.645
899	S	216.5414	2.0641	-94.35	7.78	8.74	8.16			
900	P	216.5826	11.1651	-3.67	-69.03	7.33	8.19	12.78	16.191	8.029	76.015
900	S	216.5848	11.1656	-2	-67.72	6.04	6.89			
901	P	216.6648	6.7040	51.81	-46.83	5.05	6.48	13.191	13.627	11.391	2.176
901	S	216.6649	6.7071	53.04	-50.44	5.06	6.48			
902	P	216.7863	5.2196	-86.63	4.94	6.02	8.90	13.877	16.384	2.569	126.247
902	S	216.7869	5.2192	-82.56	6.36	6.51	9.47			
903	P	216.9751	13.3372	-226.19	-70.42	5.40	7.87	13.048	14.396	3.884	91.966
903	S	216.9762	13.3372	-227.19	-70.67	5.41	7.88			
904	P	217.0174	7.5380	0.95	-40.08	3.41	5.41	16.913	17.005	2.324	147.591
904	S	217.0178	7.5375	2.85	-43.44	3.43	5.43			
905	P	217.3548	10.9149	-37.97	-19.18	5.66	5.92	14.477	16.33	26.166	134.440
905	S	217.3601	10.9098	-41.8	-9.11	5.67	5.59			
906	P	217.3602	1.6995	-108.69	-49.86	4.27	9.12	14.23	17.03	4.720	115.481
906	S	217.3613	1.6990	-102.84	-51.01	4.20	9.21			
907	P	217.4270	9.1158	-42.35	15.59	6.46	5.21	13.795	14.844	19.355	241.165
907	S	217.4222	9.1132	-41.39	16.04	6.66	4.51			
908	P	217.4938	8.1313	15.85	-49.4	5.59	6.57	13.113	14.829	2.231	266.762
908	S	217.4932	8.1313	17.26	-50.48	5.60	6.58			
909	P	217.5051	3.2437	-57.69	-27.8	9.01	7.52	12.464	12.947	3.283	65.028
909	S	217.5059	3.2441	-54.1	-28.46	9.01	7.52			
910	P	217.6092	6.8757	-34.88	-39.22	5.81	6.60	14.399	14.542	2.692	28.376
910	S	217.6095	6.8764	-37.05	-40.8	6.11	6.43			
911	P	217.6447	7.2824	-42.11	-49.2	5.38	6.62	14.764	17.94	16.772	127.081
911	S	217.6484	7.2796	-40.97	-40.79	7.01	7.40			
912	P	217.6584	-0.3182	-75.12	-1.47	10.12	5.41	15.766	17.877	6.549	159.334
912	S	217.6590	-0.3199	-85.73	1.43	11.66	7.98			
913	P	217.6676	12.8404	-80.45	-32.1	4.79	5.72	13.27	14	8.703	342.055
913	S	217.6668	12.8427	-76.61	-33.38	4.79	5.73			
914	P	217.7337	13.0200	30.3	-70.65	5.97	6.86	14.443	15.147	11.828	294.280
914	S	217.7306	13.0214	31.72	-73.63	5.99	6.88			
915	P	217.8966	4.1736	-35.25	-47.47	7.49	7.64	13.2	15.912	8.940	286.131
915	S	217.8942	4.1743	-35.67	-46.77	7.62	7.76			
916	P	217.9452	1.0062	-129.33	-65.62	6.15	6.90	12.473	14.994	11.409	210.737
916	S	217.9436	1.0035	-129.69	-65.16	6.28	6.76			
917	P	218.0300	9.0195	-40.65	-11.72	6.04	5.48	16.202	17.518	26.371	116.652
917	S	218.0367	9.0162	-50.48	-22.71	7.66	6.18			
918	P	218.1476	6.1560	-35.91	-51.44	6.57	8.07	13.456	17.254	11.725	73.022
918	S	218.1508	6.1569	-33.33	-50.74	7.12	8.79			
919	P	218.2690	11.0734	-58.54	-64.13	6.95	8.14	12.5	12.757	3.817	58.375
919	S	218.2700	11.0739	-57.42	-64.41	6.95	8.14			
920	P	218.3886	1.1586	-63.88	4.09	8.03	7.91	14.119	16.36	5.844	209.276
920	S	218.3878	1.1572	-61.25	3.96	8.22	8.12			
921	P	218.3952	-1.6757	-72.75	29.61	6.85	7.39	14.255	16.63	5.173	250.360
921	S	218.3938	-1.6761	-73.87	28.23	7.24	7.65			
922	P	218.4645	13.3235	-17.84	-71.69	6.94	7.42	13.446	17.642	7.961	190.394
922	S	218.4641	13.3213	-23.12	-74.42	7.67	8.09			
923	P	218.4821	1.4060	47.28	-20.78	5.92	6.59	14.321	16.232	10.457	79.306
923	S	218.4850	1.4066	45.31	-20.87	6.04	6.70			
924	P	218.6164	-1.1414	-31.35	18.98	4.21	5.22	14.059	17.388	3.283	4.653
924	S	218.6164	-1.1405	-30.73	23.63	4.94	5.85			
925	P	218.6212	12.8359	-19.86	-56.47	8.54	6.34	13.431	14.107	2.139	215.285
925	S	218.6208	12.8354	-19.15	-54.01	8.30	5.83			
926	P	218.6552	5.3963	-64.07	10.06	5.46	5.68	15.609	15.796	26.427	135.590
926	S	218.6604	5.3910	-74.22	0.85	6.59	6.47			

927	P	218.6760	4.1409	-47.87	21.12	5.98	7.76	12.168	15.482	4.746	156.503
927	S	218.6765	4.1397	-48.59	21.36	5.45	7.87				
928	P	218.7290	7.9466	31.41	-29.21	5.72	6.27	14.381	14.742	10.486	333.027
928	S	218.7277	7.9492	32.85	-30.69	5.19	6.42				
929	P	218.7372	11.1309	2.66	-60.39	4.93	5.27	14.895	17.629	3.401	211.563
929	S	218.7367	11.1301	0.84	-54.85	5.76	6.05				
930	P	218.7406	8.8886	-2.94	-41.35	5.94	4.77	14.605	16.246	24.512	208.052
930	S	218.7374	8.8825	-4.87	-38.79	6.63	3.97				
931	P	218.7918	7.9213	-4.93	-70.4	7.23	7.39	13.925	16.63	29.276	326.497
931	S	218.7872	7.9281	-0.33	-75.06	7.91	6.57				
932	P	218.8539	6.5466	-61.57	-22.28	7.00	7.16	13.392	15.016	2.158	220.902
932	S	218.8535	6.5461	-66.24	-18.43	7.16	7.12				
933	P	218.8634	4.9667	-58.07	-64.17	6.61	6.32	14.53	14.608	3.096	68.297
933	S	218.8642	4.9670	-58.79	-62.56	6.61	6.32				
934	P	218.9490	0.8447	-73.12	31.49	7.35	7.03	13.037	13.399	3.273	103.289
934	S	218.9499	0.8445	-73.85	32.19	7.35	7.03				
935	P	219.4061	-1.2784	-49.02	21.86	6.59	5.56	14.095	14.704	10.550	278.259
935	S	219.4032	-1.2780	-47.95	18.84	6.32	5.43				
936	P	219.4396	2.9802	14.16	-52.77	7.13	5.87	13.662	14.307	7.220	312.232
936	S	219.4381	2.9816	14.4	-52.86	7.30	6.06				
937	P	219.5352	8.2395	-42.51	19.32	4.65	5.72	15.074	16.099	14.749	145.763
937	S	219.5376	8.2361	-39.95	15.26	5.59	5.78				
938	P	219.6108	4.3346	-23.23	-57.17	5.84	4.91	14.279	15.708	3.086	260.192
938	S	219.6100	4.3345	-23.8	-57.4	5.46	5.09				
939	P	219.6933	1.3595	-55.13	28.18	8.87	5.83	14.218	16.437	3.406	98.878
939	S	219.6942	1.3593	-52.61	35.6	9.30	6.28				
940	P	219.7263	4.6647	-111.11	-59.36	8.66	7.77	14.905	15.887	10.589	2.311
940	S	219.7264	4.6676	-112.91	-58.93	8.71	7.82				
941	P	219.7865	4.8300	-39.49	-25.78	5.75	5.81	14.439	15.926	27.997	100.498
941	S	219.7942	4.8286	-36.34	-24.99	5.72	4.08				
942	P	219.7927	-1.1060	-55.35	-37.45	3.61	2.27	13.59	15.414	4.435	172.680
942	S	219.7929	-1.1072	-53.99	-37.19	3.72	2.33				
943	P	219.8060	6.7744	-31.03	0.23	3.99	3.99	14.368	16.05	2.471	205.625
943	S	219.8058	6.7738	-30.83	0.69	4.14	4.13				
944	P	219.8678	9.9033	-40.14	-39.66	7.28	6.79	14.2	14.515	2.821	286.455
944	S	219.8670	9.9036	-41.8	-39.82	7.28	6.79				
945	P	220.0701	2.3547	-56.06	-21.62	6.65	6.69	13.754	17.016	26.145	169.641
945	S	220.0714	2.3475	-44.17	-8.95	6.19	6.47				
946	P	220.1446	12.0500	-66.31	39.19	6.78	6.43	13.647	15.986	9.985	273.390
946	S	220.1417	12.0501	-67.54	38.47	6.83	6.49				
947	P	220.1496	2.4779	-68.08	-40.88	7.21	6.16	12.381	13.392	6.646	173.724
947	S	220.1498	2.4760	-67.3	-40.2	7.55	5.22				
948	P	220.3451	-1.1811	-43.11	-7.58	4.27	4.20	14.003	14.85	3.378	139.458
948	S	220.3457	-1.1818	-45.79	-6.31	4.29	4.21				
949	P	220.5268	0.6523	-37.09	-56.96	6.95	6.82	14.677	15.813	6.857	103.665
949	S	220.5286	0.6519	-36.24	-56.36	6.99	6.85				
950	P	220.5795	12.4438	-56.92	-33.19	8.42	9.19	12.555	15.226	16.939	291.730
950	S	220.5750	12.4456	-57.43	-33.07	8.45	9.21				
951	P	220.6070	6.2725	-58.45	0.44	7.14	6.79	14.493	16.689	3.525	335.656
951	S	220.6066	6.2734	-53.07	5.64	7.19	7.42				
952	P	220.7272	8.8788	-35	-22	4.89	5.11	14.869	15.717	8.364	264.839
952	S	220.7249	8.8786	-34.39	-22.89	5.53	5.03				
953	P	220.8748	2.6368	-120.21	4.64	7.38	8.01	13.035	15.408	17.077	192.626
953	S	220.8738	2.6322	-120.62	8.87	7.42	8.04				
954	P	220.9414	-0.5020	-60.06	-9.59	5.40	10.07	12.751	13.685	4.466	331.287
954	S	220.9408	-0.5010	-59.58	-7.58	5.41	10.07				
955	P	221.0137	2.3942	3.69	-81.48	8.24	4.06	15.324	16.356	2.897	194.525

955	S	221.0135	2.3935	3.59	-81.01	8.58	4.36			
956	P	221.0599	4.9440	-18.23	-23.43	3.29	4.53	14.301	16.055	3.222	135.739
956	S	221.0605	4.9434	-18.15	-24.06	3.51	4.69			
957	P	221.2267	11.4107	-36.97	-34.13	7.22	6.31	15.756	17.35	5.566	62.661
957	S	221.2281	11.4114	-35.68	-36.63	7.45	6.57			
958	P	221.3991	2.3937	-66.81	-10.55	4.87	5.67	16.061	17.786	2.645	125.444
958	S	221.3997	2.3933	-56.59	-18.64	6.74	7.33			
959	P	221.5342	7.6254	-40.66	-32.68	5.67	4.98	13.364	15.34	4.513	286.118
959	S	221.5330	7.6258	-40.22	-33.05	6.14	4.91			
960	P	221.5437	8.4784	-66.79	2.35	8.05	7.53	13.212	15.163	5.067	95.259
960	S	221.5452	8.4782	-64.03	1.89	8.07	7.55			
961	P	221.5970	11.9196	-28.04	-28.67	4.67	5.40	12.315	17.068	29.511	187.303
961	S	221.5959	11.9115	-30.58	-24.47	4.33	5.24			
962	P	221.6238	6.8773	-56.89	9.92	6.98	7.16	15.616	16.107	9.845	354.668
962	S	221.6235	6.8800	-57.8	12.17	7.03	7.22			
963	P	221.6593	1.6139	-79.38	18.21	3.73	4.05	13.932	16.09	11.859	274.597
963	S	221.6560	1.6142	-79.78	22.6	4.04	4.33			
964	P	222.1667	8.6634	-34.42	29.78	5.81	3.76	12.981	16.54	12.217	353.376
964	S	222.1663	8.6668	-37.56	30.31	6.46	4.43			
965	P	222.2500	7.3321	-18.25	-34.78	4.40	3.47	15.731	17.563	8.478	308.158
965	S	222.2481	7.3335	-25.06	-31.41	4.82	4.02			
966	P	222.4262	10.8452	-33.97	-21.07	4.71	4.80	16.084	16.846	2.247	322.935
966	S	222.4258	10.8457	-33.15	-22.73	4.85	4.95			
967	P	222.7272	12.6099	-27.64	-42.83	5.58	5.10	13.586	16.603	2.152	200.452
967	S	222.7270	12.6093	-28.37	-44.08	5.68	5.21			
968	P	222.8122	4.6610	-22.45	-49.77	6.63	5.38	14.766	15.325	4.682	189.973
968	S	222.8120	4.6598	-22.92	-49.84	6.66	5.42			
969	P	222.9130	32.5766	15.51	-95.86	8.56	7.96	14.366	15.704	4.571	316.826
969	S	222.9120	32.5775	15.78	-94.51	8.61	8.01			
970	P	222.9496	2.4005	-78.27	-41.22	5.79	5.39	15.075	16.262	2.581	202.184
970	S	222.9493	2.3999	-76.86	-41.91	5.91	5.52			
971	P	223.0499	5.7605	-70.23	-39.12	6.95	6.99	15.65	15.919	3.381	159.731
971	S	223.0502	5.7596	-67.36	-37.63	6.98	7.02			
972	P	223.0514	10.3893	-18.63	-30.53	3.90	5.28	14.386	15.206	7.718	108.999
972	S	223.0534	10.3887	-17.62	-34.06	4.09	4.79			
973	P	223.0657	3.5488	-69.64	-31.95	6.80	7.23	13.794	14.156	2.063	331.157
973	S	223.0655	3.5493	-76.69	-28.27	6.80	7.23			
974	P	223.1005	32.6304	-37.64	-146.31	7.94	8.53	13.264	14.085	5.184	44.105
974	S	223.1017	32.6315	-35.95	-149.05	7.77	8.69			
975	P	223.1421	-0.8548	86.68	-166.36	10.02	10.86	12.218	17.917	9.223	6.589
975	S	223.1424	-0.8523	95.38	-174.04	12.81	13.52			
976	P	223.1505	7.9950	-7.51	-49.88	3.89	4.45	14.841	15.668	3.713	31.427
976	S	223.1511	7.9959	-6.89	-46.75	4.03	4.37			
977	P	223.4139	7.3574	-60.1	-31.8	6.40	6.28	13.073	13.263	23.944	180.308
977	S	223.4138	7.3507	-60.64	-30.89	6.40	6.28			
978	P	223.5560	2.2847	-56.17	3.39	8.66	7.11	13.315	13.916	3.774	283.570
978	S	223.5550	2.2850	-56.32	2.28	8.67	7.11			
979	P	223.5575	6.3766	-14.48	-67.89	6.98	6.92	14.656	14.862	4.180	105.843
979	S	223.5586	6.3763	-21.29	-66.24	5.33	6.15			
980	P	223.5603	11.9853	-53.74	-22.91	6.73	6.10	15.179	15.645	2.242	353.688
980	S	223.5602	11.9859	-51.09	-24.16	5.91	6.35			
981	P	223.6557	5.8073	-62.21	-27.38	8.33	7.04	14.495	16.373	4.006	288.768
981	S	223.6547	5.8076	-56.13	-31.38	8.50	7.23			
982	P	223.8710	5.1874	-51.58	-146.24	8.69	8.36	12.532	15.518	25.896	134.938
982	S	223.8761	5.1824	-55.29	-153.15	8.33	7.98			
983	P	223.9216	5.5365	-57.01	-1.16	7.48	6.26	14.441	16.896	2.977	24.914
983	S	223.9219	5.5372	-51.87	-0.32	7.70	6.51			

984	P	223.9365	5.8896	-23.91	-41.52	5.38	5.81	16.049	17.506	8.859	116.551
984	S	223.9387	5.8885	-24.09	-47.25	5.65	6.48				
985	P	223.9624	0.6282	-72.96	-20.47	8.14	6.91	14.923	17.628	26.331	280.756
985	S	223.9552	0.6296	-61.53	-13.66	9.17	8.08				
986	P	224.0929	11.0561	-51.28	26.63	6.35	5.82	13.505	14.418	14.272	254.956
986	S	224.0890	11.0551	-50.35	26.52	6.49	5.95				
987	P	224.1960	5.6469	-32.79	-38.1	6.91	6.78	16.8	17.848	20.096	84.985
987	S	224.2016	5.6473	-35.05	-50.5	8.08	7.95				
988	P	224.2222	4.8190	-54.21	-79.93	6.27	5.33	12.782	17.099	7.652	32.784
988	S	224.2233	4.8208	-46.27	-84.41	6.66	6.99				
989	P	224.2407	0.2181	-37.3	42.23	7.64	7.34	13.674	15.389	4.253	247.451
989	S	224.2396	0.2176	-38.47	40.98	7.68	7.37				
990	P	224.3523	4.7004	-105.33	-58.28	7.68	5.95	15.31	18.36	4.348	176.167
990	S	224.3524	4.6992	-103.83	-62.37	11.10	8.30				
991	P	224.3799	6.2177	-32.13	-31.67	5.78	5.96	14.325	16.08	3.338	334.945
991	S	224.3795	6.2185	-32.56	-27.5	5.80	5.99				
992	P	224.3925	8.0120	-41.69	35.8	8.20	6.11	12.461	12.755	17.358	91.759
992	S	224.3974	8.0118	-38.41	41.63	6.28	5.16				
993	P	224.4083	6.8177	-23.43	-44.98	5.82	5.01	14.635	15.856	13.487	271.958
993	S	224.4045	6.8178	-21.81	-47.67	5.83	5.03				
994	P	224.4544	8.9217	-31.12	29.64	5.25	5.07	13.416	14.66	4.413	7.641
994	S	224.4546	8.9229	-31.59	28.97	4.95	5.07				
995	P	224.4840	0.9473	16.7	-47.21	6.67	5.00	12.477	14.524	2.752	265.422
995	S	224.4832	0.9472	19.39	-46.92	6.58	5.46				
996	P	224.4915	-1.0126	20.65	-49.9	7.03	4.73	12.312	12.432	4.559	117.257
996	S	224.4926	-1.0131	22.17	-48.6	7.03	4.73				
997	P	224.5378	-1.6738	-80.23	-51.61	5.90	6.72	13.562	15.588	2.168	209.321
997	S	224.5375	-1.6744	-83.89	-52.8	5.96	6.76				
998	P	224.5865	-1.7577	-59.3	-33.47	6.27	6.79	12.384	16.087	3.345	174.507
998	S	224.5866	-1.7587	-63.21	-38.5	6.39	6.91				
999	P	224.6110	31.5938	36.74	-86.88	6.77	6.06	13.51	14.053	3.127	77.364
999	S	224.6120	31.5940	37.94	-89.07	6.77	6.06				
1000	P	224.6273	5.4437	4.86	-46.04	6.69	6.18	15.19	17.848	3.611	101.035
1000	S	224.6283	5.4435	1.51	-53.19	7.71	7.31				
1001	P	224.7115	-0.9628	-49.75	-72.95	4.72	5.23	12.497	15.16	3.219	325.070
1001	S	224.7110	-0.9620	-52.33	-73.62	5.24	5.14				
1002	P	224.7375	6.5039	-28.9	-43.39	5.83	6.65	14.086	14.561	15.886	128.434
1002	S	224.7410	6.5011	-29.92	-41.84	5.83	6.65				
1003	P	224.9235	8.5855	42.82	-85.26	6.55	4.58	15.827	17.182	7.201	36.105
1003	S	224.9247	8.5871	49.99	-84.86	6.48	5.18				
1004	P	225.1950	11.8362	-34.82	-51.15	6.57	5.43	13.013	15.043	13.486	215.599
1004	S	225.1927	11.8331	-35	-51.56	6.68	5.14				
1005	P	225.2507	31.5649	-83.23	-17.34	5.80	7.59	15.613	16.31	4.716	193.848
1005	S	225.2504	31.5636	-79.75	-16.92	5.89	7.67				
1006	P	225.3949	6.6168	-57.11	1.78	6.24	5.47	14.655	15.154	2.367	148.387
1006	S	225.3953	6.6162	-56.27	2.13	6.25	5.47				
1007	P	225.4753	9.3424	-33.29	-7.72	4.70	4.73	16.612	17.396	2.782	135.695
1007	S	225.4759	9.3419	-35.06	-6.93	4.93	4.95				
1008	P	225.5980	8.6733	-46.74	-10.35	4.08	5.91	12.734	15.641	9.462	87.950
1008	S	225.6006	8.6734	-45.46	-8.97	4.27	5.61				
1009	P	225.9103	7.3830	-41.96	-37.09	4.34	4.87	13.798	14.978	26.079	96.133
1009	S	225.9176	7.3822	-42.62	-38.7	4.66	5.91				
1010	P	226.0922	-0.6097	-62.9	15.42	6.00	5.84	14.501	16.007	4.557	330.885
1010	S	226.0916	-0.6086	-62.55	18.52	6.06	5.90				
1011	P	226.4243	2.7185	-0.77	-46.33	7.01	5.69	14.773	15.908	27.329	255.747
1011	S	226.4170	2.7167	-12.24	-47.74	7.34	6.06				
1012	P	226.4711	6.3593	-43.12	-50.8	7.73	6.89	17.086	17.804	11.052	60.516

1012	S	226.4738	6.3608	-49.95	-37.71	8.06	7.25			
1013	P	226.4819	10.4938	-41.56	-81.6	7.10	7.35	13.473	14.676	11.502	77.877
1013	S	226.4851	10.4944	-44.83	-87.51	7.11	7.36			
1014	P	226.5446	2.9253	-109.86	-4.27	6.69	7.78	13.828	14.411	3.743	283.573
1014	S	226.5436	2.9255	-115.06	-5.73	6.70	7.78			
1015	P	226.6363	-0.4792	-40.29	2.09	4.27	3.72	12.694	14.417	2.537	260.029
1015	S	226.6356	-0.4794	-39.3	1.09	4.65	3.80			
1016	P	226.6453	8.9601	-51.21	21.1	6.13	5.97	13.944	14.459	6.212	19.253
1016	S	226.6459	8.9618	-52.01	21.12	6.13	5.97			
1017	P	226.7681	6.3935	-70.36	-30.26	7.46	6.86	13.137	14.719	2.523	326.136
1017	S	226.7677	6.3940	-71.81	-24.03	7.46	6.87			
1018	P	227.0436	8.7165	-21.72	140.89	10.49	9.04	18.333	18.386	2.878	304.691
1018	S	227.0429	8.7170	-20.82	151.42	10.26	8.77			
1019	P	227.0713	10.8241	-29.26	-8.05	3.56	4.43	13.922	15.601	12.379	329.212
1019	S	227.0695	10.8270	-31.55	-8.14	4.11	4.51			
1020	P	227.0803	-0.6647	-92.19	-51.8	7.32	7.11	12.648	13.935	9.364	124.254
1020	S	227.0824	-0.6662	-88.69	-54.1	7.33	7.11			
1021	P	227.3850	6.9881	-26.26	-36.32	6.61	5.78	14.185	15.051	3.276	143.448
1021	S	227.3856	6.9874	-25.06	-36.9	6.61	5.79			
1022	P	227.4355	7.1944	0.6	-54.72	5.06	2.91	13.284	13.396	6.828	122.746
1022	S	227.4371	7.1934	0.69	-55.25	5.13	2.89			
1023	P	227.4464	10.3522	-41.09	6.98	4.52	6.22	14.371	16.164	24.171	127.884
1023	S	227.4518	10.3480	-48.46	16.45	3.88	4.97			
1024	P	227.5784	10.5762	-39.62	-1.82	5.29	4.80	14.288	14.712	15.380	302.924
1024	S	227.5747	10.5786	-39.39	0.5	5.30	4.81			
1025	P	227.7821	4.1152	-18.76	-66.68	4.55	5.96	14.831	18.421	4.934	175.868
1025	S	227.7822	4.1139	-8.7	-54.64	7.15	8.12			
1026	P	227.8623	11.0593	-23.67	-39.43	6.58	5.76	15.008	15.319	2.208	317.763
1026	S	227.8619	11.0598	-21.68	-38.91	6.59	5.77			
1027	P	227.8874	9.2068	-141.88	64.23	4.23	5.43	13.385	14.387	3.416	139.915
1027	S	227.8880	9.2060	-141.85	64.14	4.23	5.44			
1028	P	227.8991	32.9324	48.57	-100.07	8.78	7.84	14.052	15.459	3.242	357.757
1028	S	227.8990	32.9333	43.6	-98.99	8.83	7.90			
1029	P	227.9514	8.3172	-6.47	-62.6	6.81	6.65	14.991	15.714	21.324	212.223
1029	S	227.9482	8.3122	-8.31	-58.33	6.82	6.66			
1030	P	228.0867	12.0517	32.17	-61.11	4.98	5.40	13.953	14.913	7.667	45.603
1030	S	228.0882	12.0532	32.12	-60.15	5.17	5.63			
1031	P	228.3108	3.7448	-91.52	-9	7.30	7.12	15.331	17.518	3.576	128.035
1031	S	228.3116	3.7442	-90.96	-14.38	7.74	7.56			
1032	P	228.3779	0.4779	-36.9	-27.07	6.92	5.42	15.539	17.22	8.964	228.157
1032	S	228.3760	0.4762	-39.3	-35.96	7.45	6.76			
1033	P	228.4436	10.0605	15.97	-44.06	5.21	6.18	13.61	14.141	5.828	280.823
1033	S	228.4420	10.0608	15.41	-43.5	5.22	6.18			
1034	P	228.5184	4.0228	-37.98	25.89	5.80	6.11	13.325	14.448	24.681	23.295
1034	S	228.5211	4.0291	-39.77	30.18	6.08	6.55			
1035	P	228.5398	12.0487	7.41	-44.77	2.49	5.60	14.423	17.619	8.288	312.522
1035	S	228.5381	12.0502	4.01	-42.02	3.55	6.14			
1036	P	228.5414	-1.6656	-119.72	-66.02	8.41	7.23	14.968	15.816	2.160	285.965
1036	S	228.5408	-1.6655	-123.34	-67.28	8.59	7.40			
1037	P	228.7993	3.6520	-34.76	10.87	4.01	3.45	14.653	15.557	7.007	271.060
1037	S	228.7974	3.6521	-40.48	9.95	4.15	4.42			
1038	P	228.8170	0.4073	-78.06	-32.49	7.68	6.85	13.809	14.457	20.777	331.375
1038	S	228.8142	0.4123	-80.08	-28.07	9.56	7.92			
1039	P	228.8519	1.1196	-81.99	-53.28	6.17	7.96	12.943	14.821	3.833	343.134
1039	S	228.8516	1.1206	-81.99	-52.73	6.24	8.00			
1040	P	228.8659	11.4916	27.81	-40.09	6.20	6.08	12.826	16.651	5.458	143.141
1040	S	228.8668	11.4904	27.88	-39.31	6.31	6.21			

1041	P	228.9718	5.4581	-41.62	-18.78	6.13	6.37	13.788	15.155	10.740	299.588
1041	S	228.9692	5.4596	-41.78	-21.51	6.16	6.39				
1042	P	229.0967	3.4032	25.29	-19.93	4.13	3.41	14.429	15.589	9.560	228.778
1042	S	229.0947	3.4015	25.59	-23.67	4.83	4.71				
1043	P	229.2131	9.2628	-40.8	-1.39	3.41	5.36	16.194	17.629	3.358	80.809
1043	S	229.2140	9.2629	-45.11	-3.29	4.76	6.67				
1044	P	229.3450	9.0669	-92.52	-127.1	6.78	6.95	14.587	15.627	18.140	337.788
1044	S	229.3431	9.0715	-89.76	-127.61	6.80	6.96				
1045	P	229.3972	-2.2448	28.18	-42.48	6.55	6.88	13.035	15.13	2.352	47.893
1045	S	229.3977	-2.2443	21.57	-44.11	6.57	6.90				
1046	P	229.4503	8.8025	-41.07	26.92	6.32	5.58	15.271	15.86	2.206	319.351
1046	S	229.4499	8.8030	-42.47	22.46	6.30	4.27				
1047	P	229.5798	11.2572	-26.84	-35.64	6.08	4.94	16.703	16.717	18.674	269.956
1047	S	229.5745	11.2571	-27.76	-38.02	6.09	3.86				
1048	P	229.6326	6.9584	-0.62	-69.95	6.13	4.97	15.313	15.661	5.906	57.564
1048	S	229.6340	6.9592	0.62	-71.32	6.02	4.91				
1049	P	229.6431	8.0756	28.53	-69.85	5.96	7.61	14.884	16.449	5.202	296.688
1049	S	229.6418	8.0763	29.61	-67.15	5.03	7.30				
1050	P	229.6583	-1.7259	-49.09	-26.87	7.98	7.70	14.238	14.539	6.104	202.018
1050	S	229.6576	-1.7275	-50.25	-24.51	8.00	7.71				
1051	P	229.7305	7.7358	-68.87	-15.89	4.86	5.85	14.193	15.37	4.206	34.746
1051	S	229.7311	7.7367	-68.08	-15.98	4.98	5.80				
1052	P	229.7357	9.2018	-56.43	-69.36	6.55	6.70	15.522	15.9	6.667	65.194
1052	S	229.7374	9.2026	-56.6	-71.63	6.57	6.72				
1053	P	229.9385	-0.5350	-60.12	19.15	6.39	5.45	13.173	13.201	10.836	218.822
1053	S	229.9366	-0.5374	-62.62	18.83	5.67	5.20				
1054	P	230.0310	8.8696	-10.47	-35.07	4.71	5.21	16.312	16.772	2.553	267.575
1054	S	230.0303	8.8696	-8.03	-33.39	4.10	5.30				
1055	P	230.0623	10.4605	-43.77	21.54	8.47	4.30	13.325	16.71	5.349	347.035
1055	S	230.0620	10.4619	-41.64	22.19	8.37	3.74				
1056	P	230.0723	8.1661	-1.08	-55.14	6.16	5.67	13.839	15.976	22.775	276.426
1056	S	230.0659	8.1668	2.07	-49.26	6.42	4.96				
1057	P	230.1570	-0.9741	-36.27	-50.53	7.40	8.21	14.893	16.811	19.451	252.330
1057	S	230.1519	-0.9757	-36.75	-37.98	6.55	8.06				
1058	P	230.2192	-0.1212	-51.76	-20.32	6.03	7.12	15.753	16.929	4.521	185.025
1058	S	230.2191	-0.1225	-53.89	-11.94	7.10	7.49				
1059	P	230.3175	0.7081	6.09	-55.39	7.60	7.37	12.945	13.22	2.885	160.843
1059	S	230.3178	0.7073	7.02	-56.31	7.61	7.38				
1060	P	230.3206	9.4738	-69.2	7.58	5.94	5.13	13.734	14.897	3.521	349.895
1060	S	230.3204	9.4748	-70.98	5.81	5.95	5.14				
1061	P	230.4040	8.5404	-96.53	-25.76	6.82	6.50	16.389	16.429	6.337	247.380
1061	S	230.4023	8.5397	-91.67	-25.56	6.82	6.51				
1062	P	230.4443	8.3559	-25.05	-44.57	6.11	5.69	14.936	15.362	28.863	358.586
1062	S	230.4441	8.3639	-28.46	-44.71	6.12	5.70				
1063	P	230.4777	4.9979	-46.63	-25.19	5.75	7.25	14.114	14.988	6.054	273.409
1063	S	230.4760	4.9980	-45.17	-28.66	5.63	7.86				
1064	P	230.5209	10.2923	-45.31	-3.28	6.03	5.77	13.339	13.601	2.520	173.138
1064	S	230.5209	10.2916	-45.35	-3.57	5.89	5.63				
1065	P	230.8159	3.0146	-87.42	14.25	8.01	5.14	14.666	15.816	21.839	201.010
1065	S	230.8138	3.0089	-88.24	10.74	6.88	5.49				
1066	P	230.8492	-0.0968	-77.9	-60.66	7.95	7.28	14.019	15.568	3.751	47.723
1066	S	230.8500	-0.0961	-76.78	-62.72	8.16	7.21				
1067	P	231.0571	5.8454	-54.26	6.38	5.59	4.48	14.579	14.837	4.725	130.187
1067	S	231.0581	5.8445	-55.06	6.2	5.59	4.48				
1068	P	231.1219	-1.0086	-69.16	1.2	5.99	6.34	16.318	16.608	3.857	200.716
1068	S	231.1215	-1.0096	-66.67	-1.59	6.20	6.60				
1069	P	231.2769	9.1790	-69.49	-22.89	7.12	8.81	15.82	16.228	2.461	339.191

1069	S	231.2767	9.1796	-70.05	-22.3	7.14	8.82				
1070	P	231.3057	9.2002	-49.11	-12.17	4.88	8.00	13.443	15.984	4.839	311.295
1070	S	231.3047	9.2011	-48.59	-12.73	4.92	8.02				
1071	P	231.3885	5.7616	-8.81	-30.67	3.96	3.99	15.289	16.173	3.343	253.741
1071	S	231.3876	5.7614	-11.38	-30.72	3.59	3.89				
1072	P	231.4158	8.3396	-24.15	-58.11	4.81	6.10	14.104	14.237	4.961	43.350
1072	S	231.4168	8.3406	-25.39	-58.02	4.81	6.10				
1073	P	231.4229	6.0322	-57.72	-3.95	4.77	5.60	13.196	13.974	2.264	308.787
1073	S	231.4224	6.0326	-61.68	-3.35	4.65	5.48				
1074	P	231.4903	5.4167	-42.07	7.51	6.07	3.80	14.648	16.852	26.725	229.320
1074	S	231.4847	5.4118	-38.83	5.19	6.25	3.87				
1075	P	231.5453	-2.8572	-17.37	-105.68	6.05	6.69	12.223	12.295	21.366	222.596
1075	S	231.5413	-2.8616	-17.7	-105.29	6.05	6.69				
1076	P	231.6888	30.0044	45.63	7	5.85	4.37	13.479	14.686	4.463	66.920
1076	S	231.6901	30.0048	52.76	9.44	6.94	4.37				
1077	P	231.7476	6.6903	-34.85	1.1	5.00	3.74	15.036	15.435	24.538	342.506
1077	S	231.7456	6.6968	-33.66	1.89	4.95	3.72				
1078	P	231.8780	-2.2593	-101.26	29.51	7.03	7.11	14.859	15.055	6.281	246.634
1078	S	231.8764	-2.2600	-101.02	29.57	7.04	7.12				
1079	P	232.0048	-2.6225	-50.61	-15.63	4.24	4.62	12.994	13.288	9.631	222.957
1079	S	232.0030	-2.6245	-49.61	-14.8	4.24	4.62				
1080	P	232.0654	29.3386	-67.22	-19.6	9.74	9.38	14.67	15.072	13.011	57.329
1080	S	232.0689	29.3406	-65.37	-19.75	9.75	9.39				
1081	P	232.1473	-0.5856	-39.15	0.23	4.37	5.71	15.217	15.394	12.806	205.116
1081	S	232.1458	-0.5889	-42.88	-0.39	4.50	5.84				
1082	P	232.2413	7.1967	-23.9	-86.02	4.03	3.75	14.747	15.41	2.648	168.246
1082	S	232.2414	7.1959	-22.57	-84.19	3.98	3.24				
1083	P	232.2951	6.1508	-35.38	-31.44	5.77	5.96	12.899	16.628	12.534	96.398
1083	S	232.2986	6.1504	-35.26	-29.84	5.92	5.88				
1084	P	232.3421	1.2751	-47.29	12	7.34	5.11	14.178	15.343	13.238	185.867
1084	S	232.3417	1.2715	-48.5	9.21	7.41	5.21				
1085	P	232.4071	5.6874	-50.04	-87.64	5.06	5.08	14.577	15.896	16.821	162.244
1085	S	232.4085	5.6829	-51.74	-84.35	4.93	5.93				
1086	P	232.4464	9.0759	-37.84	-6.43	3.45	4.99	17.595	18.02	26.506	355.022
1086	S	232.4458	9.0833	-44.33	-6.13	5.15	5.83				
1087	P	232.5270	5.6113	-48.96	-1.61	2.33	3.44	15.683	15.798	3.397	154.844
1087	S	232.5274	5.6105	-48.6	-3.9	2.33	3.44				
1088	P	232.5568	0.5108	-41.5	5.34	4.29	5.32	12.899	13.474	2.963	89.861
1088	S	232.5576	0.5108	-43.2	7.86	4.21	5.58				
1089	P	232.5585	6.6129	-44.69	23.95	7.20	4.83	15.211	16.936	3.365	115.815
1089	S	232.5594	6.6125	-43.99	22.58	6.97	5.70				
1090	P	232.6417	6.4155	-64.09	-31.3	7.11	7.13	13.969	14.066	5.962	318.743
1090	S	232.6406	6.4168	-64.88	-29.8	7.07	7.26				
1091	P	232.6617	5.6154	-32.29	30.76	6.24	5.03	13.498	15.179	6.175	174.039
1091	S	232.6619	5.6137	-32.02	32.16	6.29	5.06				
1092	P	232.6719	3.9262	-43.5	-30.37	7.48	5.17	13.826	14.996	4.451	338.460
1092	S	232.6714	3.9274	-44.46	-35.13	7.33	6.70				
1093	P	232.7125	-0.3377	49.38	-42.06	6.73	8.13	14.028	14.524	27.561	185.216
1093	S	232.7118	-0.3453	49.91	-42.56	6.74	8.14				
1094	P	232.8805	-0.0599	-80.2	-40.91	5.50	5.61	13.384	15.193	9.714	345.469
1094	S	232.8798	-0.0573	-83.59	-41.86	5.16	5.74				
1095	P	232.8888	3.7345	-48.68	-42.15	7.49	7.83	14.137	15.765	2.309	307.339
1095	S	232.8883	3.7349	-61.74	-41.73	7.61	7.94				
1096	P	232.9927	10.7031	-38.71	12.93	4.30	5.09	14.544	15.024	15.862	180.383
1096	S	232.9927	10.6987	-34.23	15.16	4.38	5.18				
1097	P	233.1097	1.1914	-66.26	-25.42	8.67	7.38	14.166	16.448	2.910	127.315
1097	S	233.1103	1.1909	-62.09	-22.99	9.12	7.89				

1098	P	233.1194	2.2445	-65.99	26.45	8.36	10.65	12.86	13.125	6.798	143.764
1098	S	233.1205	2.2429	-62.64	23.76	8.19	8.54				
1099	P	233.1514	6.6941	-31.29	-80.91	6.13	5.99	14.157	16.73	3.684	18.740
1099	S	233.1517	6.6951	-38.46	-73.42	6.19	6.12				
1100	P	233.1637	28.9077	-74.81	47.54	7.19	8.95	15.071	15.073	4.695	294.461
1100	S	233.1623	28.9082	-76	46.52	7.19	8.95				
1101	P	233.2130	5.3958	-14.21	57	5.16	4.45	12.535	14.363	2.846	336.865
1101	S	233.2127	5.3965	-15.27	57.58	5.17	4.46				
1102	P	233.2817	9.9796	-41	23.22	6.02	6.27	12.556	15.955	18.336	164.960
1102	S	233.2831	9.9747	-52.33	15.09	6.46	6.11				
1103	P	233.3333	10.7836	-40.11	26.22	5.17	6.52	14.681	17.142	18.608	237.608
1103	S	233.3288	10.7809	-41.43	22.96	5.16	6.52				
1104	P	233.3777	6.7461	-36.15	38	7.47	6.72	15.904	17.259	18.480	130.782
1104	S	233.3816	6.7427	-36.04	43.78	7.34	7.55				
1105	P	233.5013	4.1079	-78.49	-55.15	6.84	7.00	14.911	17.172	8.323	210.602
1105	S	233.5002	4.1060	-83.91	-51.24	6.91	8.03				
1106	P	233.5074	10.1702	32.65	65.42	7.00	5.81	17.085	17.269	15.778	39.312
1106	S	233.5103	10.1736	32.6	69.19	6.96	5.78				
1107	P	233.5370	5.4016	35.95	22.09	5.00	5.66	14.475	15.924	14.833	200.865
1107	S	233.5356	5.3978	35.86	20.33	5.02	5.68				
1108	P	233.5510	11.3436	-28.71	32.62	5.56	5.56	16.545	16.679	12.393	271.481
1108	S	233.5474	11.3437	-27.82	35.1	5.47	6.44				
1109	P	233.5811	9.4024	23.8	-32.34	5.43	5.36	15.27	16.304	2.063	266.799
1109	S	233.5805	9.4024	20.92	-32.92	5.55	5.46				
1110	P	233.7218	9.3645	-50.92	-22.86	4.57	6.50	16.35	17.276	10.197	74.708
1110	S	233.7246	9.3652	-52.74	-18.67	3.73	6.56				
1111	P	233.8551	29.5212	-40.46	-61.8	9.48	9.51	13.188	14.89	20.597	139.260
1111	S	233.8594	29.5169	-34.91	-61.85	9.51	9.54				
1112	P	234.0788	5.2903	-44.68	23.84	5.64	4.80	14.885	15.014	7.037	316.715
1112	S	234.0775	5.2918	-46.47	22.65	5.52	4.88				
1113	P	234.1547	-1.7201	-46.19	-18.44	6.24	6.99	14.347	15.891	5.628	8.531
1113	S	234.1549	-1.7185	-48.18	-16.47	5.60	7.34				
1114	P	234.2036	2.3896	-25.85	48.77	7.44	7.64	13.437	13.677	3.859	15.514
1114	S	234.2039	2.3906	-26.56	46.14	7.68	7.28				
1115	P	234.2953	4.0786	3.64	-81.73	4.85	6.19	12.808	14.684	4.294	195.920
1115	S	234.2949	4.0775	3.14	-85.01	4.89	6.22				
1116	P	234.3095	7.9716	-49.01	-7.33	6.65	5.41	14.344	16.366	3.986	281.407
1116	S	234.3084	7.9718	-46.44	-8.11	6.77	5.56				
1117	P	234.3107	5.8184	-35.03	7.72	4.42	4.12	15.777	17.063	4.424	210.124
1117	S	234.3101	5.8174	-33.88	7.02	4.69	4.40				
1118	P	234.3412	6.8208	-70.19	-17.54	6.00	5.99	13.945	15.271	2.408	75.452
1118	S	234.3419	6.8210	-73.43	-15.47	6.02	6.01				
1119	P	234.8102	5.7335	-53.24	-31.31	4.59	5.18	16.683	17.003	6.937	221.415
1119	S	234.8089	5.7321	-53.94	-33.02	4.67	5.24				
1120	P	234.9563	10.2310	-6.86	-54.22	6.81	7.05	15.066	15.162	2.168	220.332
1120	S	234.9559	10.2306	-11.64	-65.6	7.99	6.87				
1121	P	235.0000	28.8505	-30.8	-55.45	5.81	4.73	16.361	16.714	2.644	2.187
1121	S	235.0000	28.8513	-30.37	-51.25	5.92	4.86				
1122	P	235.4298	9.6937	-12.36	-41.06	4.95	5.92	14.813	15.218	2.408	211.241
1122	S	235.4295	9.6932	-14.58	-43.13	4.97	5.93				
1123	P	235.4572	26.7850	-72.83	-25.37	9.37	8.48	14.137	15.849	13.257	33.353
1123	S	235.4595	26.7881	-72.97	-21.13	9.48	8.60				
1124	P	235.5042	7.9782	3.19	-45.74	6.22	6.53	13.522	16.878	6.269	145.143
1124	S	235.5052	7.9768	-0.21	-49.16	6.71	7.17				
1125	P	235.5451	6.4978	-14.42	-70.67	8.09	6.50	12.772	13.012	6.202	288.231
1125	S	235.5434	6.4983	-12.11	-71.33	8.09	6.50				
1126	P	235.6006	7.4521	-65.6	32.72	5.85	5.81	12.513	13.775	2.484	286.245

1126	S	235.5999	7.4523	-65.75	34.1	5.85	5.82				
1127	P	235.6037	6.3358	-42.17	-36.36	7.13	6.03	12.752	13.787	16.309	205.260
1127	S	235.6017	6.3317	-42.52	-36.07	7.14	6.03				
1128	P	235.7700	1.2943	38.38	-39.03	5.76	6.20	14.414	15.729	3.042	10.084
1128	S	235.7701	1.2952	38.98	-39.28	5.79	6.22				
1129	P	235.8493	1.4194	30.26	-26.86	3.22	5.06	13.449	13.603	3.418	356.922
1129	S	235.8492	1.4204	29.87	-27.73	3.22	5.07				
1130	P	235.9835	-1.1896	-72.21	-40.86	3.83	4.44	12.719	13.135	4.997	259.918
1130	S	235.9821	-1.1898	-71.73	-38.24	3.93	4.00				
1131	P	235.9869	2.4405	-18.77	-52.69	5.67	6.38	13.528	17.036	3.344	343.374
1131	S	235.9866	2.4414	-16.07	-51.96	6.12	6.76				
1132	P	236.0770	0.5309	-114.18	51.75	7.43	6.62	13.823	14.7	6.606	21.951
1132	S	236.0777	0.5326	-111.35	53.13	4.78	6.68				
1133	P	236.1029	-0.9145	32.67	-42.82	4.66	5.18	15.173	16.299	25.681	158.895
1133	S	236.1055	-0.9212	36.99	-45.23	4.16	4.90				
1134	P	236.1420	-0.1179	-47.88	11.21	6.49	6.05	16.581	16.856	28.314	75.517
1134	S	236.1496	-0.1159	-48.83	9.44	6.31	6.42				
1135	P	236.1639	3.1556	7.04	-42.93	3.91	5.32	14.437	16.404	4.914	357.694
1135	S	236.1639	3.1570	5.51	-41.13	4.10	5.50				
1136	P	236.2470	7.5727	-63.76	27.22	5.69	5.18	14.748	16.847	6.400	45.997
1136	S	236.2483	7.5739	-69.58	25.62	5.93	5.37				
1137	P	236.2902	5.8315	-33.39	-6.88	5.35	3.31	15.104	15.224	2.671	49.486
1137	S	236.2907	5.8319	-31.14	-4.98	5.35	3.31				
1138	P	236.3272	-0.7515	49.21	-29.32	4.86	4.27	12.494	13.963	3.178	241.807
1138	S	236.3264	-0.7519	45.72	-27.86	4.60	4.71				
1139	P	236.3781	4.9485	-86.17	-16.32	4.95	7.38	14.04	15.942	7.031	13.241
1139	S	236.3786	4.9504	-84.97	-11.72	4.59	8.12				
1140	P	236.3926	-1.1908	-35.91	-0.73	3.80	5.03	13.727	15.617	6.094	247.126
1140	S	236.3911	-1.1915	-38.4	-3.35	3.75	5.07				
1141	P	236.4814	1.8060	-123.2	-13.94	6.22	6.82	13.465	14.929	8.788	1.807
1141	S	236.4815	1.8085	-121.75	-15.56	6.37	6.88				
1142	P	236.6334	1.2501	-9.59	-47.32	4.93	6.03	12.983	16.398	3.459	41.196
1142	S	236.6340	1.2509	-10.12	-48.11	5.02	6.10				
1143	P	236.7736	-1.3414	-31.44	-12.96	4.21	4.25	15.086	17.053	26.306	111.998
1143	S	236.7804	-1.3442	-37.79	-6.75	4.86	4.80				
1144	P	236.9740	7.3533	-12.29	-33.34	4.15	1.34	14.427	15.908	11.135	4.819
1144	S	236.9743	7.3564	-4.79	-30.44	4.42	3.58				
1145	P	237.0525	7.5844	-63.13	-31.46	4.80	5.53	12.641	15.041	4.339	38.983
1145	S	237.0533	7.5854	-60.8	-34.13	4.56	6.04				
1146	P	237.0573	7.3605	-25.13	-31.92	5.54	5.86	17.285	18.105	3.432	84.039
1146	S	237.0583	7.3606	-37.22	-36.18	6.94	7.33				
1147	P	237.0738	4.7260	3.09	-60.54	7.22	7.90	13.002	13.35	10.934	59.619
1147	S	237.0764	4.7275	-0.44	-60.94	7.22	7.91				
1148	P	237.0777	1.7704	-47.68	-12.69	7.24	6.48	14.225	15.877	7.435	171.987
1148	S	237.0779	1.7684	-48.21	-13.9	7.32	6.57				
1149	P	237.2240	8.9884	20.46	-69.02	7.39	7.06	14.402	14.988	6.069	133.993
1149	S	237.2252	8.9872	20.04	-66.66	7.41	7.07				
1150	P	237.2417	3.4450	-1.29	-41.61	5.34	5.53	13.442	14.388	2.194	162.754
1150	S	237.2418	3.4445	-2.21	-39.87	5.24	5.36				
1151	P	237.3632	9.9567	-52.84	-8.67	6.51	5.35	15.58	16.381	2.838	305.698
1151	S	237.3626	9.9572	-65.28	-15.17	6.77	5.65				
1152	P	237.3835	-1.0346	-61.56	-4.47	4.26	4.83	13.706	15.482	3.389	277.202
1152	S	237.3826	-1.0345	-61.15	-2.96	4.57	4.72				
1153	P	237.4649	8.9582	-55.41	-100.21	3.31	4.82	13.198	16.291	4.781	77.607
1153	S	237.4662	8.9585	-56.66	-100.97	4.10	4.97				
1154	P	237.4918	-1.2647	27.84	-34.28	3.40	5.57	16.693	17.398	10.072	171.637
1154	S	237.4922	-1.2675	31.8	-28.98	4.19	6.07				

1155	P	237.6624	5.2874	-11.81	53.96	4.50	5.08	15.358	15.956	3.362	188.398
1155	S	237.6623	5.2865	-10.56	50.49	4.59	5.15				
1156	P	237.6772	3.0287	-50.55	-87.86	4.75	5.58	12.538	13.892	24.647	349.555
1156	S	237.6760	3.0354	-47.34	-85.9	5.24	3.42				
1157	P	237.7776	5.8109	22.27	-31.77	5.64	4.91	13.105	14.645	3.166	112.605
1157	S	237.7784	5.8106	20.49	-33.91	5.39	4.73				
1158	P	237.8183	6.3459	-24.17	-57.38	8.83	8.19	16.391	16.86	13.381	140.912
1158	S	237.8206	6.3430	-33.6	-53.79	9.18	8.57				
1159	P	237.9686	4.2450	-35.17	-38.35	4.74	6.03	13.99	16.429	10.264	19.237
1159	S	237.9695	4.2477	-36.89	-40.94	5.09	6.31				
1160	P	237.9737	4.3656	98.47	-98.17	6.35	6.16	12.527	12.554	5.000	76.255
1160	S	237.9750	4.3659	96.21	-97.85	6.35	6.16				
1161	P	238.1107	0.6419	-18.23	-62.76	6.49	7.58	12.662	13.531	2.366	194.627
1161	S	238.1106	0.6413	-20.24	-62.02	6.51	7.62				
1162	P	238.1164	-0.2530	-30.24	-26.67	4.34	4.75	13.92	15.302	28.905	100.332
1162	S	238.1243	-0.2544	-26.64	-33.65	4.22	5.53				
1163	P	238.5734	24.9006	-50.68	-22.25	6.59	5.57	14.271	15.764	15.253	299.167
1163	S	238.5693	24.9027	-52.02	-23.23	6.53	5.51				
1164	P	238.5798	26.4899	-24.18	-77.17	8.31	10.02	14.601	16.334	3.147	350.394
1164	S	238.5796	26.4908	-22.83	-88.66	8.71	10.36				
1165	P	238.5960	5.9433	-54.56	-53.62	4.54	4.65	15.394	17.308	20.454	359.057
1165	S	238.5959	5.9490	-50.71	-56.68	4.68	4.95				
1166	P	238.6993	7.3065	-22.68	-33.38	2.96	6.43	13.729	15.455	20.829	104.238
1166	S	238.7049	7.3051	-25.1	-36.33	2.48	6.21				
1167	P	238.7435	9.2830	-29.86	-57.23	8.47	7.70	16.465	16.937	2.519	232.702
1167	S	238.7430	9.2826	-30.17	-56.47	8.67	7.90				
1168	P	238.8149	6.4466	-28.97	-9.17	2.97	4.74	13.542	14.743	6.897	149.452
1168	S	238.8159	6.4450	-26.42	-10.46	2.97	4.10				
1169	P	238.8341	7.7236	-46.45	-14.2	4.26	6.09	14.896	15.464	10.414	153.687
1169	S	238.8354	7.7210	-45.18	-14.73	4.26	6.33				
1170	P	238.9431	7.6446	-26.02	25.23	4.85	5.06	15.054	15.968	2.226	336.974
1170	S	238.9428	7.6452	-23.35	27.11	4.90	5.11				
1171	P	239.4341	25.3220	25.72	-77.58	6.92	7.36	13.765	17.233	9.581	89.139
1171	S	239.4370	25.3220	39.64	-81.51	7.44	7.88				
1172	P	240.0472	27.2512	21.22	-28.12	3.03	4.53	15.257	15.306	2.648	278.679
1172	S	240.0464	27.2513	21.32	-25.49	3.03	4.55				
1173	P	240.4443	25.4968	-15.27	-81.41	8.38	7.80	13.116	13.186	4.397	277.670
1173	S	240.4430	25.4970	-16.81	-80.93	8.38	7.80				
1174	P	240.4916	27.0335	47.65	-70.83	6.98	8.46	14.145	14.648	12.795	287.420
1174	S	240.4878	27.0346	48.1	-70.86	6.99	8.47				
1175	P	240.6440	27.0424	-53.32	37.75	8.79	8.31	12.651	14.1	27.318	207.546
1175	S	240.6401	27.0357	-53.65	39.28	8.79	8.31				
1176	P	241.0697	28.8225	22.21	-39.67	4.49	5.72	13.239	15.703	3.015	95.206
1176	S	241.0707	28.8224	15.15	-40.33	4.65	5.85				
1177	P	241.2691	25.6124	-30.22	-47.72	4.38	5.54	14.717	15.419	2.345	18.148
1177	S	241.2693	25.6130	-28.13	-47.5	4.40	5.56				
1178	P	241.2973	25.1539	-39.13	15.02	5.91	3.44	15.734	16.691	3.185	155.970
1178	S	241.2977	25.1531	-37.73	8.85	6.06	3.69				
1179	P	241.9334	25.5891	-43.88	20.13	6.70	5.84	15.95	17.772	26.116	185.744
1179	S	241.9325	25.5819	-50.21	16.5	6.74	7.05				
1180	P	241.9936	28.5821	52.56	-7.36	4.86	6.82	12.755	16.445	13.131	177.130
1180	S	241.9938	28.5785	48.53	-1.41	5.20	7.17				
1181	P	242.0720	25.4154	1.34	-56.28	6.89	7.04	13.831	14.968	2.623	45.359
1181	S	242.0726	25.4160	1.59	-54.26	6.90	7.05				
1182	P	242.0972	30.6327	-50.76	-102.1	4.72	3.95	15.468	17.058	13.053	40.381
1182	S	242.0999	30.6355	-51.85	-96.88	5.22	4.63				
1183	P	242.1384	23.6666	-13.47	-60.65	6.34	8.46	15.798	16.04	16.289	189.401

1183	S	242.1376	23.6621	-16.93	-59.89	6.07	6.43				
1184	P	242.2785	28.2085	-42.92	49.09	8.80	8.36	13.826	14.602	2.725	235.750
1184	S	242.2777	28.2081	-43.06	49.1	8.80	8.37				
1185	P	242.2892	24.2429	-42.79	6.38	5.01	4.60	12.758	15.96	7.036	52.345
1185	S	242.2909	24.2441	-38.09	8.63	4.35	4.33				
1186	P	244.1729	22.7805	36.04	-65.76	6.82	7.69	12.371	15.076	9.343	103.162
1186	S	244.1757	22.7799	40.27	-63.04	6.84	7.71				
1187	P	244.2867	23.6322	32.83	-49.71	4.07	5.74	14.231	16.122	12.310	25.316
1187	S	244.2883	23.6353	34.71	-52.16	4.04	6.00				
1188	P	244.5864	28.8447	50.89	-47.75	9.45	8.08	13.526	15.027	13.389	330.342
1188	S	244.5843	28.8479	46.22	-47.5	6.61	8.11				
1189	P	244.9773	28.1985	-32.21	-36.6	4.36	5.31	13.69	14.277	2.317	344.432
1189	S	244.9771	28.1992	-32.05	-37.76	4.37	5.32				
1190	P	245.1958	22.6821	-54.72	48.57	6.61	7.80	12.527	14.536	2.317	336.242
1190	S	245.1955	22.6827	-58.33	47.44	6.61	7.81				
1191	P	245.2854	25.1123	-48.6	15.11	6.85	6.57	12.892	14.641	2.786	331.792
1191	S	245.2849	25.1130	-46.51	19.47	6.85	6.58				
1192	P	245.4441	30.7985	-42.76	-53.38	6.64	7.37	14.337	16.601	3.353	83.775
1192	S	245.4451	30.7986	-44.07	-51.66	6.80	7.52				
1193	P	245.5949	31.1320	-39.44	69.89	5.57	6.14	13.662	13.754	6.427	216.239
1193	S	245.5937	31.1306	-39.48	67.73	4.31	6.35				
1194	P	245.9405	27.6884	40.75	-79.51	7.05	6.55	14.626	15.177	2.411	220.390
1194	S	245.9401	27.6879	40.34	-81.72	7.07	6.56				
1195	P	246.3411	24.6826	26.41	-47.82	5.52	5.95	13.051	16.467	23.361	187.749
1195	S	246.3401	24.6761	24.65	-47.81	5.62	6.08				
1196	P	246.4943	28.9245	2.28	-58.16	7.53	7.74	15.527	15.781	7.741	110.641
1196	S	246.4966	28.9238	2.69	-58.82	7.56	7.76				
1197	P	246.5135	24.6411	-52.03	-17.31	4.26	5.50	13.961	15.542	3.286	114.879
1197	S	246.5144	24.6408	-56.11	-18.51	4.37	5.62				
1198	P	246.7438	29.7826	-19.43	31.15	4.80	5.33	14.521	15.678	27.713	240.138
1198	S	246.7361	29.7788	-12.6	41.3	4.72	4.91				
1199	P	247.2398	26.4905	7.76	47.63	6.06	5.99	15.697	16.525	19.353	233.866
1199	S	247.2350	26.4873	9.85	45.58	6.49	6.33				
1200	P	247.4781	30.4430	-28.44	-53.23	6.31	7.10	15.495	17.28	16.308	183.393
1200	S	247.4778	30.4385	-35.19	-54.63	7.43	7.70				
1201	P	247.6124	28.7632	-47.42	-5.55	5.59	5.33	13.856	16.798	14.011	138.393
1201	S	247.6153	28.7602	-41.51	-5.21	5.77	5.46				
1202	P	247.8729	29.8552	23.41	-39.3	4.94	7.55	13.739	14.919	2.629	307.839
1202	S	247.8723	29.8556	21.45	-37.88	4.78	7.16				
1203	P	248.1071	31.1146	-24.89	41.07	5.99	5.85	13.466	15.236	3.644	102.090
1203	S	248.1083	31.1144	-24.15	38.59	5.71	6.53				
1204	P	248.1127	27.5833	-4.6	-44.05	5.39	6.10	14.298	15.993	2.607	135.666
1204	S	248.1133	27.5828	-2.65	-41.58	5.47	6.16				
1205	P	248.8541	30.2068	-58.55	13.89	5.45	5.01	13.139	15.245	2.879	338.905
1205	S	248.8537	30.2075	-60.63	21.34	5.49	5.06				
1206	P	248.8560	31.4806	-7.03	-34.26	5.16	4.19	13.874	15.968	5.722	339.226
1206	S	248.8553	31.4821	-15.09	-34.62	5.44	4.61				
1207	P	248.9160	29.0930	-46.85	-1.6	4.85	6.14	12.613	13.129	5.807	147.013
1207	S	248.9170	29.0917	-42.92	-1.35	4.73	6.25				
1208	P	249.0344	28.1875	-21.69	46	4.57	6.39	15.127	15.91	2.333	306.891
1208	S	249.0338	28.1879	-18.13	44.53	4.65	6.44				
1209	P	249.3809	28.5770	17.22	-53.25	5.62	8.05	14.217	17.024	4.135	84.956
1209	S	249.3822	28.5771	17.36	-52.38	6.19	8.08				
1210	P	249.5015	31.4362	28.25	-74.58	6.52	5.49	12.294	14.389	9.475	112.306
1210	S	249.5044	31.4352	23.07	-77.32	6.43	5.99				
1211	P	249.5957	32.3435	-6.93	-50.73	7.53	5.52	12.933	12.994	13.306	68.594
1211	S	249.5997	32.3449	-10.35	-48.16	7.38	5.61				

1212	P	249.9229	32.3400	64.17	-43.46	7.71	6.30	13.732	13.862	8.111	1.784
1212	S	249.9230	32.3423	63.21	-47.31	7.35	8.05				
1213	P	250.4185	29.3539	-72.54	40.83	6.30	5.75	14.436	14.897	2.911	272.410
1213	S	250.4175	29.3540	-71.38	42.2	6.31	5.76				
1214	P	250.6421	29.2086	-13.45	-55.49	6.71	6.90	13.968	15.554	11.318	272.954
1214	S	250.6385	29.2087	-14.98	-52.89	6.73	6.92				
1215	P	251.1510	30.3805	-4.55	56.58	5.41	5.88	15.042	15.735	17.420	254.194
1215	S	251.1456	30.3792	-6.71	48.48	5.15	6.39				
1216	P	251.3308	32.5881	17.57	-44.76	6.92	6.64	16.143	16.573	10.731	273.327
1216	S	251.3272	32.5883	7.06	-54.68	7.70	7.70				
1217	P	251.5628	29.4122	-13.69	-44.04	5.91	5.34	13.636	15.49	8.279	99.840
1217	S	251.5654	29.4118	-17.45	-42.82	5.85	5.68				
1218	P	253.0599	29.3781	19.48	-34.76	4.28	6.21	13.388	14.121	2.807	348.852
1218	S	253.0597	29.3788	20.75	-36.39	4.34	6.33				
1219	P	253.7487	30.1572	0.47	38.62	5.67	5.09	14.719	16.178	16.062	315.386
1219	S	253.7450	30.1604	-3.92	45.69	5.67	5.02				
1220	P	254.1907	30.2482	72.89	-17.9	6.23	6.10	13.997	14.672	5.359	253.370
1220	S	254.1890	30.2477	72.07	-18.04	6.81	6.48				

Acknowledgements:
This research has made use of the VizieR catalogue access tool, CDS, Strasbourg, France.

References:
Greaves, J., 2004, "New northern hemisphere common proper-motion pairs", Mon. Not. R. Astron. Soc. 355, 585-590

Nicholson, M., 2005, "The Daventry Double Star Survey", J. Br. Astron. Assoc. 115, 338-342

Smith, L. *et al*, 2014, "A 1500 deg^2 near infrared proper motion catalogue from the UKIDSS Large Area Survey", Mon. Not. R. Astron. Soc. 437(4), 3603-3625

www.ingramcontent.com/pod-product-compliance
Lightning Source LLC
Chambersburg PA
CBHW081908170526
45167CB00007B/3206